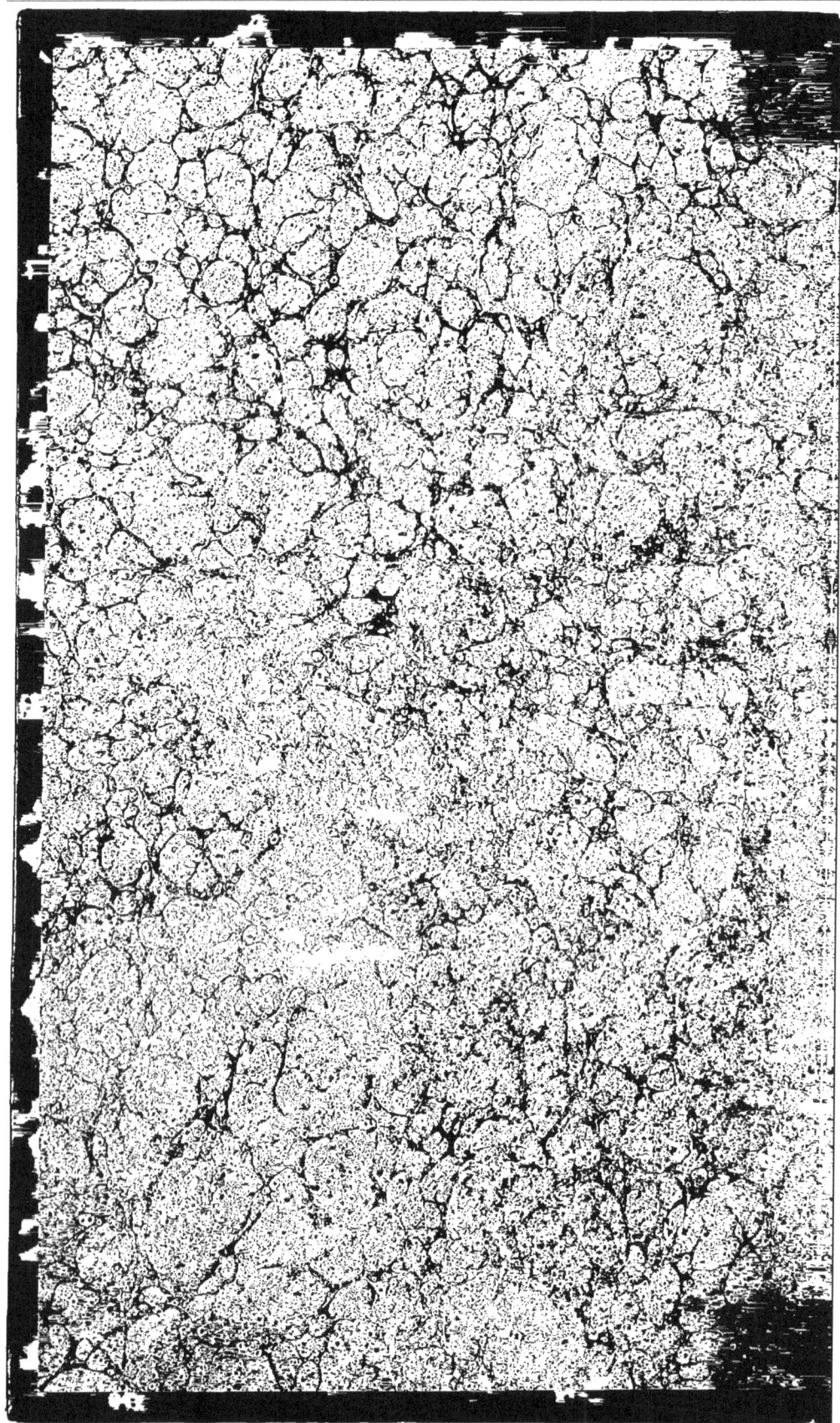

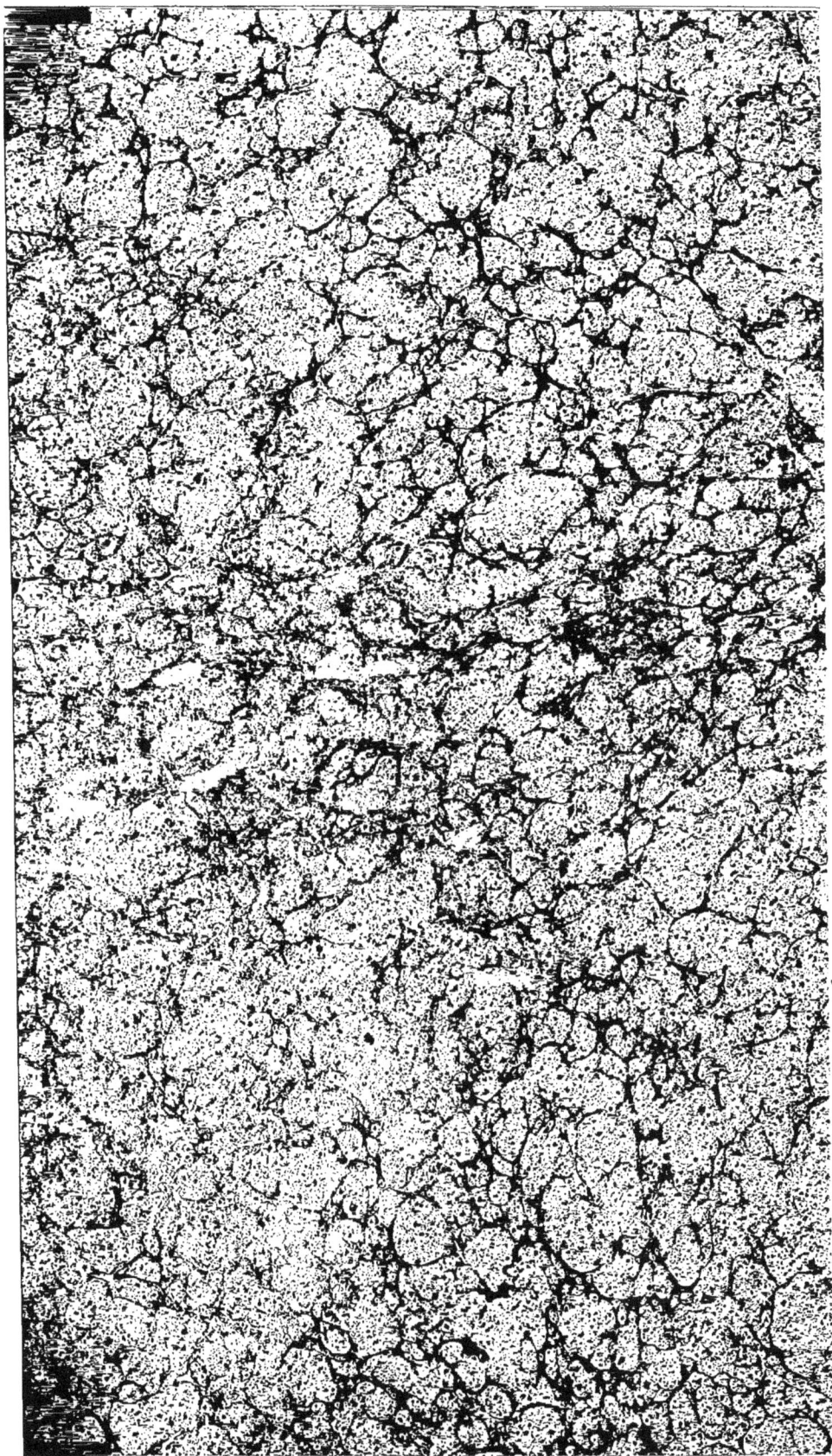

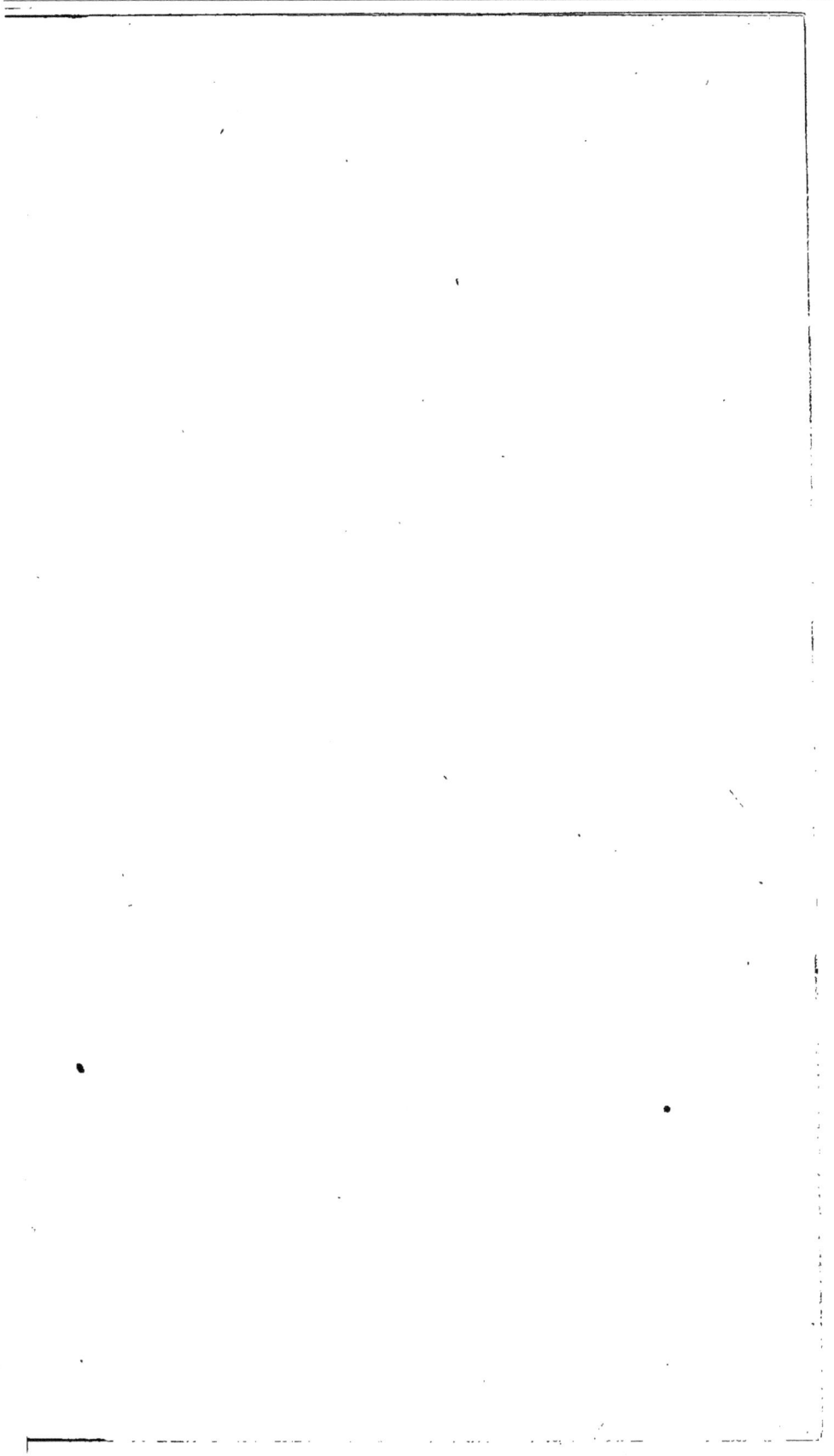

LE
GUIDE DU MAGNANIER

O U

L'ART D'ÉLEVER LES VERS A SOIE

DE MANIÈRE QUE LA RÉUSSITE EN SOIT INFINIMENT
MOINS CASUELLE ET BEAUCOUP MEILLEURE
QU'ELLE NE L'A ÉTÉ JUSQU'ICI.

OUVRAGE CONTENANT
TOUT CE QU'ONT ÉCRIT DE MIEUX SUR CET ART SI UTILE
NON-SEULEMENT LES MEILLEURS AUTEURS FRANÇAIS ET ITA-
LIENS, TELS QUE MM. L'ABBÉ DE SAUVAGES, THOMÉ, NYSTEN,
REDARÈS, BOITARD, BONAFOUS, RAYNAUD, DEBY, VIDA, MALPIGHI,
DANDOLO, PITARD, MAIS ENCORE TOUS CEUX QUI EN ONT PARLÉ
JUSQU'A CE JOUR, CE QU'ONT APPRIS A SON AUTEUR 11 ANS
D'EXPÉRIENCES ET SES RELATIONS AVEC LES MAGNA-
GUIERS LES PLUS DISTINGUÉS DES CÉVENNES.

SECONDE ÉDITION

revue, corrigée et augmentée d'un

GUIDE DU CULTIVATEUR DE MURIERS

Dans lequel se trouvent les Principes qui doivent nous faire tirer de cet arbre
le meilleur parti possible, et l'Exposition d'un nouveau
mode de culture, dont l'effet est d'en
prévenir la mortalité.

PAR CH. FRAISSINET,

PASTEUR DE L'ÉGLISE RÉFORMÉE DE SAUVE (GARD).

VALENCE,

MARC AUREL FRÈRES, IMPRIM.-LIBR., ÉDITEURS.

1836.

Le dépôt exigé par la loi a été fait. Tout exemplaire non revêtu du paraphe de l'Auteur sera réputé contrefait, et le contrefacteur ou débitant de contrefaçons sera poursuivi devant les tribunaux.

LE GUIDE DU MAGNANIER

ET DU

CULTIVATEUR DE MURIERS.

VALENCE, IMPR. DE MARC AUREL FRÈRES.

UN MOT

SUR CETTE NOUVELLE ÉDITION.

————●◗◖◗◖◗●————

Les mêmes raisons qui me portèrent, il y
a un an, à fouler aux pieds les odieux conseils
de quelques vils égoïstes et à publier ce que
m'avaient appris, sur l'art d'élever les vers à
soie, mes lectures, mes méditations et mes expériences, l'amour de mes semblables, le désir
de voir ma patrie, profitant des précieux avantages que lui a prodigués la nature, s'affranchir du tribut qu'elle paie encore à ses voisins,
la conviction de remplir un devoir chrétien
en faisant connaître à mes compatriotes les se-
crets ou plutôt les principes d'un art que la
plus aveugle routine n'a pas pu rendre impro-
ductif, et qui, par ses progrès, peut avoir une
si heureuse influence sur notre industrie agricole et manufacturière, m'obligent, aujour-
d'hui, à donner une nouvelle édition du livre
dans lequel j'avais consigné, en termes aussi

1

simples, aussi clairs que possible, tout ce qu'il y a de réellement indispensable pour éviter ces désastres qui trop souvent ravagent nos chambrées (1), et obtenir constamment d'une même quantité de feuille une même quantité de cocons de la meilleure qualité. Je ne dirai pas que le prompt écoulement de la première édition est une forte présomption de son mérite, ce serait vouloir montrer ce que tout le monde voit; mais ce que je dirai, ce que je dois dire dans l'intérêt de l'art au succès duquel j'ai consacré quelques-unes de mes veilles, ce que je dis sans orgueil comme sans crainte d'être démenti par des témoins oculaires, ou bien informés; c'est que malgré les préjugés et les obstacles qu'il a dû rencontrer et qu'il devait combattre, il n'a pas été sans influence sur la réussite d'un grand nombre de chambrées, et que cette heureuse influence a été d'autant plus grande qu'on s'était rapproché davantage du système que j'y exposais. Le fait suivant est une preuve incontestable de la vérité de cette assertion. Un de mes meilleurs amis, un homme dont une solide édu-

---

(1) On appelle *chambrée*, et quelquefois *éducation*, une certaine quantité de vers à soie élevés dans une ou plusieurs pièces d'un logement sous la direction d'un magnaguier.

cation avait développé les précieuses facultés qu'il avait reçues de la nature, et qui se croyant obligé de faire valoir, au profit de sa famille, de ses concitoyens et de l'Église, le talent qui lui avait été confié, travaillait avec un zèle infatigable dans l'intérêt de tous. M. Pierre Boissière, de Durfort, que le terrible choléra qui, dans les mois d'août et de septembre, a si rudement frappé cette commune, plongea dans la tombe au printemps de ses jours, et que pleurent tous ceux qui, comme moi, avaient eu le bonheur d'apprécier son mérite, M. P. Boissière, dont les récoltes de cocons étaient toujours médiocres, fit exécuter ponctuellement par ses magnaguiers les préceptes de mon livre, et réussit, au grand étonnement des *routiniers*, comme je réussis moi-même. En faut-il davantage pour justifier ma méthode et discréditer la vieille routine qu'elle doit tôt ou tard remplacer? Cultivateurs éclairés! imitez le généreux citoyen dont la mort prématurée a fait verser, à ses nombreux amis, des larmes si amères; comme lui, substituez à d'aveugles pratiques une pratique sagement raisonnée, et, comme lui, vous serez abondamment récompensés du bien que vous ferez à vos semblables. Ce ne sont pas des raisons qui doivent établir, sur les ruines des préjugés, l'empire des vrais principes; ce sont des exemples, et ces exemples c'est vous qui devez les donner.

L'art d'élever le ver à soie étant intimement lié à celui de cultiver l'arbre dont la feuille a seule la propriété de le nourrir, j'ai dû joindre au traité qui a pour objet l'exposition des principes d'après lesquels doit être élevé l'insecte fileur, un traité sur la culture de l'arbre sans lequel cet insecte, tout précieux qu'il est, nous serait inutile; et ce traité, fruit de mes scrupuleuses recherches et de mes nombreuses expériences, a été placé, comme il devait l'être, à la tête du volume qui devait les contenir tous les deux; en effet, la culture du mûrier devant précéder l'éducation du ver à soie, j'ai dû considérer l'écrit où sont exposés les principes de la première comme l'introduction de celui où j'avais consigné les règles de la seconde. Voilà, cher lecteur, ce que j'avais à vous dire sur cette nouvelle édition; poursuivez, je vous en conjure, il vous importe de voir ce que je disais l'année dernière de la nécessité de mon entreprise, et je suis bien aise que vous connaissiez les moyens que j'ai mis en œuvre pour la conduire à bonne fin.

Populariser, disais-je il y a un an, populariser le moyen d'élever les vers à soie de manière que la réussite en soit infiniment moins CASUELLE, et toujours beaucoup MEILLEURE qu'elle ne l'a été jusqu'ici, c'est sans contredit rendre un très-grand service non-seulement à ceux qui se livrent à cette importante industrie, mais encore à tous les propriétaires de mûriers, qui dès-lors verront s'augmenter de beaucoup le produit de cet arbre qu'on peut avec raison appeler l'arbre d'or. Eh bien! c'est là ce que je vais faire, en publiant ce que m'ont appris sur cet art précieux onze ans d'expériences, éclairées par celles des plus célèbres *magnaguiers* (1) français et italiens.

Quelque présomptueuse que paraisse ma méthode, personne n'a le droit de la condamner avant d'en avoir fait l'épreuve. Les vers à soie ne réussissent pas bien, parce qu'on les

---

(1) C'est le nom qu'on donne dans les Cévennes à l'éducateur de vers à soie, appelé ailleurs *magnanier* et *magnaudier*. De ces divers noms dérivés de celui de *magniac*, *magna* ou *magnan* que porte, dans les diverses contrées du Languedoc, l'insecte qui produit la soie, et qui dérive lui-même du verbe *maniar*, lequel dans la langue romance signifiait *manger*, lui a été donné sans doute à cause de sa grande voracité; j'ai dû employer de préférence celui qui est le plus généralement en usage dans la contrée que j'habite.

élève mal; aussi, loin d'être étonné que le produit en soit si casuel, je le serais qu'il en fût autrement, leur éducation étant presque partout confiée à la ROUTINE.

L'art d'élever les vers à soie est un art comme un autre, et tout art a des règles qu'il faut suivre; sous peine de ne pas y réussir. Indiquer celles qui peuvent nous faire constamment obtenir d'une même quantité de feuilles une quantité à peu près égale de cocons de la meilleure qualité possible, telle est la tâche que je me suis imposée dans le but de me rendre utile à mes compatriotes; et ce but, je suis assuré de l'atteindre, si on les suit avec attention.

Les divers écrits publiés jusqu'à ce jour sur l'éducation des vers à soie n'ont pas fait faire de grands progrès à cet art précieux, parce que le plus grand nombre, composés dans le cabinet, sur une trop petite échelle, ne contiennent que d'inapplicables théories, que presque tous sont trop volumineux, et qu'il n'en est aucun dont l'auteur n'ait trop compté sur l'intelligence des personnes auxquelles il destinait son livre. C'est pour ces deux derniers motifs que MM. l'abbé de Sauvages, et le comte Dandolo, ont produit si peu de bien parmi nous. Leurs ouvrages, riches d'expériences,

sembleraient devoir être plus favorablement
jugés; mais nous devons à la vérité de dire que
quelque excellens qu'ils fussent ils devaient rester à peu près inutiles pour nos contrées, par
cela seul qu'ils étaient trop longuement et surtout trop scientifiquement écrits pour la presque totalité de ceux qui auraient eu besoin d'en
faire usage. Frappé de ces graves inconvéniens
et désirant pouvoir y remédier dans l'intérêt
de ma patrie, je résolus, dès 1824, de me livrer à l'étude de l'art qui a pour objet l'éducation des vers à soie, convaincu que je pourrais,
par là, me rendre utile à mes semblables. Mes
expériences, faites d'abord sur le produit d'une
once d'œufs, l'ont été sur celui d'une quantité
toujours croissante jusqu'en 1832, époque à
laquelle mon petit atelier entièrement rempli
par celui de 10 onces m'imposa l'obligation de
ne pas aller au-delà. Depuis lors, j'ai toujours
opéré sur cette quantité, et toujours avec des résultats uniformes de 110 à 115 livres de cocons
par once d'œufs, ou, ce qui est plus clair encore,
d'un quintal par 22 quintaux de feuille (1).

---

(1) La feuille de Sauve est en général peu fine et très-chargée de
mûres. — 13 quintaux de feuille de sauvageon pourraient conduire
au même résultat, et il en faut d'autant moins que celle qu'on emploie s'en approche davantage.

Dire que je n'ai rien négligé, rien épargné pour acquérir des notions exactes sur les mœurs, les besoins, la constitution, les goûts, les habitudes des petits insectes que je voulais connaître, en un mot, sur tout ce qui pouvait me conduire au but que je voulais atteindre, c'est dire à ceux de mes lecteurs qui ne me connaissent pas, ce que n'ignore aucun de ceux qui me connaissent; je ne crains donc pas de dire que l'ouvrage dont je publie aujourd'hui la seconde édition est digne de son titre, attendu qu'il contient, outre ce qu'ont écrit de plus raisonnable sur l'importante matière qu'il traite, l'abbé de Sauvages, le comte Dandolo, Pitaro, Thomé, Nysten, Redarès, Deby, Bonafous, Boitard, Rainaud, etc., ce que m'ont appris onze ans d'observations fondées sur les plus scrupuleuses expériences et confirmées par celles de nos plus habiles éducateurs.

Écrivant pour des magnaguiers, j'ai dû sacrifier au besoin d'être compris le peu d'élégance que j'aurais pu mettre dans mon style; j'ai souvent répété les mêmes mots, les mêmes phrases; j'ai francisé des locutions consacrées dans la langue des personnes auxquelles je m'adresse; quelquefois, j'ai traduit en patois celles qu'elles n'auraient pas comprises autrement ; enfin , j'ai tout sacrifié à mon lecteur. Mais ces sacrifices ne m'ont coûté d'autre pei- ne que celle qui résulte de leur nécessité. Dieu m'est témoin que ce n'est pas au titre d'écri- vain que j'aspire, et que ceux de pasteur fidèle et de citoyen utile sont les seuls que j'aie ja- mais ambitionnés.

Mais c'est peut-être moins l'exécution de mon entreprise que mon entreprise elle-même, que j'ai besoin de justifier aux yeux de ceux qui en profiteront. Un pasteur, diront-ils peut- être, ne doit s'occuper d'autre chose que du soin de son troupeau; il ravit à son église tout le temps qu'il accorde à ses propres affaires. Très-bien : oui, comme vous, je crois qu'un pasteur se doit tout à son troupeau; que tout son temps appartient à son église, et je regar- de comme infidèle, comme prévaricateur, celui qui, à son détriment, l'emploie à ses propres affaires; mais le pasteur qui, les trois mois d'hi- ver exceptés, prêcherait dans son temple cinq fois tous les sept jours, visiterait une fois par semaine six écoles diverses pour veiller au pro- grès des études, en faisant travailler sous ses yeux les élèves qui les fréquentent, donnerait à tous ces élèves réunis une leçon de religion tous les dimanches, et qui, toujours prêt à

remplir tous les devoirs de son saint ministère,
n'emploierait que ses momens de récréation à
visiter une chambrée dont il n'aurait pas lui-
même la direction, afin d'observer dans des
vues purement philanthropiques les mœurs et
les besoins des précieux insectes dont le riche
produit peut apporter un si notable changement dans la prospérité de son pays, doit-il
être englobé dans la même réprobation ? mé-
rite-t-il le titre infamant de prévaricateur,
d'infidèle, de mercenaire, dont je stigmatise
avec vous celui qui, pour soigner ses intérêts,
abandonne ceux de son église ? Je ne le pense
point; aussi n'ai-je pas cru faire une action digne de blâme, en prenant sur mes veilles les
moyens de publier un livre qui peut contribuer
directement au bonheur temporel de mes compatriotes, et à leur bonheur spirituel d'une
manière indirecte, attendu que l'aisance est infiniment plus propre au développement de la
piété que ne l'est la misère.

LE GUIDE

DU

CULTIVATEUR DE MURIERS.

AVIS.

—

Convaincu que tout citoyen doit sa pierre à l'édifice de la prospérité nationàle, j'ai voulu acquitter cette dette en publiant un livre qui, j'en ai la conviction, ne sera pas sans influence dans l'érection de ce monument. Quoique bien jeune encore, puisqu'il ne date que de l'année dernière, le *Guide du Magnanier* peut produire en faveur de son aptitude de nombreux témoignages, et ce qu'il a fait dans la première période de son existence n'est-il un sûr garant de ce qu'il peut faire dans ses périodes subséquentes? S'il a sûrement guidé tous ceux qui l'ont suivi, ne guidera-t-il pas de même tous ceux qui consentiront à le suivre?

Je n'ignorais point en accordant le droit
d'aînesse à ce livre, que j'intervertissais l'ordre voulu par la raison littéraire, et mes amis
n'ont pas eu plus de peine à m'en faire convenir qu'à me déterminer à détruire, par la
publication de celui-ci, l'effet de cette inter-
version. Oui, je savais que l'art d'élever les
vers à soie est un art sans valeur partout où
l'on ignore entièrement celui de cultiver le
précieux végétal, dont la riche dépouille est
l'unique aliment qui puisse convenir à cet admirable insecte; mais je savais aussi que ma
patrie n'était pas dans ce cas, qu'un grand
nombre de mes concitoyens possédaient de
grandes mûreraies, et qu'ils me pardonne-
raient sans peine d'avoir sacrifié à leur intérêt
immédiat mes prétentions d'auteur, en commençant par le plus nécessaire; je crus devoir
en conséquence leur indiquer d'abord le moyen
de tirer le meilleur parti de ce qu'ils possédaient, me réservant de leur montrer plus
tard celui de conserver et d'accroître cette
possession. Le rétablissement de l'ordre que
j'avais volontairement interverti et l'accom-
plissement de ma promesse se trouvent dans
le Traité suivant. Résultat des plus minutieuses
expériences et des lumières qu'ont pu fournir,

à son auteur, la consciencieuse lecture de vingt-deux volumes publiés sur cette matière, soit par des Français, soit par des Italiens, le *Guide du Cultivateur de mûriers* ne guidera pas moins sûrement dans la culture de cet arbre inappréciable que le *Guide du Magnanier* dans l'éducation de l'admirable insecte qu'il a mission de nourrir. Suivez l'un et l'autre avec exactitude, et si, comme j'en ai la conviction, ils vous conduisent à l'accroissement successif de votre bien-être matériel, employez annuellement une portion du surcroît d'aisance que vous en aurez reçu au soulagement temporel et à l'amélioration spirituelle de vos frères. En suivant ce double conseil, vous vous procurerez le quadruple avantage d'augmenter le patrimoine de vos pères, de payer à l'auteur de ces divers écrits le tribut de reconnaissance que leur publication aura pu vous inspirer, et, ce qui vaut bien mieux encore, de seconder, ici-bas, les tendres soins de la Providence, et de goûter les doux charmes qui résultent toujours du bien qu'on fait aux malheureux.

LE GUIDE

CULTIVATEUR DE MURIERS.

CHAPITRE PREMIER.

—

INTRODUCTION.

—

HISTORIQUE DE LA CULTURE DU MURIER.

Que le mûrier appartienne à la *monoécie
tétrandrie* de Linné, qu'il soit placé par de
Jussieu dans la famille des *urticées*, que le célèbre de Candole, le relègue dans la section
des *artocarpées*, c'est ce qu'on n'a nul besoin
de savoir pour le cultiver avec fruit. Ne tenant
pas à faire parade de science, je passerais donc,
sans autre préalable, à l'exposition des principes d'après lesquels il doit être traité dans

les diverses périodes de son existence, si je ne croyais agréable à la plupart de mes lecteurs de connaître l'histoire de ce riche végétal, à la culture duquel quelques-uns doivent leur fortune et un si grand nombre cette délicieuse aisance qui suffirait à leur bonheur, si la piété chrétienne mettait un terme à leurs désirs.

Le mûrier qu'Olivier de Serres disait être plein des bénédictions divines, que le plus grand génie des temps modernes appelait l'arbre d'or, et qui, nous en avons la certitude, peut pleinement justifier ces magnifiques qualifications, paraît avoir eu pour berceau la partie septentrionale de la Chine. Oui, la culture du mûrier, l'éducation de l'insecte auquel son feuillage sert de nourriture, le moyen de convertir en soie et finalement en tissu le produit de cet insecte, ont été connus dans cette partie du globe dès la plus haute antiquité (1). Cet arbre s'étendit de proche en proche dans les diverses contrées d'Asie. Deux moines grecs de retour en 727 d'un voyage en Perse, ayant fait connaître à Justinien la manière dont on y obtenait la soie, qui dans ce

(1) En Chine on trouve des notices écrites d'après lesquelles il est certain qu'on y élevait les vers à soie 2,700 ans avant l'ère chrétienne.

temps-là se payait au poids de l'or, y retour-
nèrent trois ans après à la prière de ce prince,
et en rapportèrent, dans des cannes creusées,
des œufs de ver à soie, et des graines du végétal dont le feuillage est spécialement affecté
à la nourriture de ce précieux insecte. Voilà
ce que nous lisons dans tous les auteurs qui
ont traité le sujet qui nous occupe ; mais comment se fait-il qu'ils n'aient pas vu l'erreur que
contient une pareille histoire! Avec quoi nour-
rit-on les vers à soie provenus des œufs qu'ap-
portèrent de Perse à Constantinople les moines voyageurs? Ce n'est certes pas avec la
feuille des mûriers qui provinrent des graines
de cet arbre dont ils étaient également por-
teurs? Et cependant cette version, adoptée
sans examen et sucessivement répétée, s'est
perpétuée jusqu'à nous. En l'adoptant comme
vraie nous allons la rendre vraisemblable.

Le mûrier noir, très-ancien en Europe, crois-
sait probablement à Constantinople (1) comme en Perse, d'où quelques écrivains prétendent qu'il est originaire. L'analogie et peut-

(1) Quelques historiens, plus amis du merveilleux que du vrai,
ont dit que ces deux moines étaient persans et qu'ils voyageaient
en Sérique. Mais était-il besoin en 727 d'aller chercher le mûrier
dans son pays natal ; et puis, quel rapport entre Justinien et deux
moines persans ?

ètre l'expérience dut le faire prendre pour
nourricier de l'insecte fileur, en attendant qu'il
pût trouver dans le mûrier blanc une meilleure subsistance. Voilà une hypothèse qu'é-
tayent les plus fortes probabilités et qui seule
peut rendre possible l'immense service rendu
à leur patrie par les deux moines grecs (1).

Cette utile importation, que ses grands avantages auraient dû faire rapidement étendre
dans toutes les provinces méridionales d'Europe, resta plus de 600 ans l'exclusive propriété des Grecs, et ce ne fut que vers le milieu du douzième siècle que le riche monopole
de la production, de la mise en œuvre et du
commerce de la soie leur fut enlevé par Roger-
le-Conquérant, premier roi de Sicile, qui, à la
suite d'une expédition contre Manuel Com-
nène, rapporta de Constantinople, non-seulement des mûriers et des œufs de vers à soie,
mais en amena des ouvriers capables de cultiver les arbres, d'élever les insectes et d'ouvrer
leur produit. De Sicile, cette riche importation
passa en Italie. Les Pisantins et les Luquois
devinrent en peu de temps les rivaux des Si-
ciliens; j'ai lu dans plus d'un chroniqueur que

(1) La fable de Pyrame et Thisbé prouve que le mûrier est très-
ancien en Grèce.

les papes, dans le treizième siècle, avaient introduit la culture du mûrier dans le comtat
vénaissin.

Charles viii étant passé en Italie pour la conquête du royaume de Naples, quelques-uns des
seigneurs qui l'y avaient accompagné en rapportèrent des plans de mûrier, qui d'abord confiés au fertile sol de la Provence, et surtout des
environs de Montélimar, virent bientôt s'étendre leur nombreuse postérité sur presque tous
les points de la France. C'est là tout le fruit
de cette conquête si brillante, si rapide, si coûteuse et si promptement évanouie. Louis xii
et François 1er encouragèrent beaucoup cette
culture naissante. Henri ii, Charles ix et
Henri iii, marchèrent dans la même voie, malgré les guerres civiles qui, sous les règnes des
deux derniers, désolèrent notre patrie; il ne
s'y planta pas moins de 4 millions de pieds de
cet arbre précieux. Le successeur des Valois,
Henri iv, dont le cœur battait d'amour pour
son peuple, sentant tout l'avantage qu'il pouvait retirer de cette culture, n'hésita pas, pour
lui en donner l'exemple, à transformer en pépinière son jardin des Tuileries, et en magna-
neries les cours de ce palais. Toujours mu par
le même sentiment, la prospérité du royaume

par cette branche d'industrie, il proscrivit en 1599 l'importation de toute étoffe de soie, et ordonna, trois ans plus tard, la plantation de mûriers autour des villes de Paris, de Tours, d'Orléans, etc. Le brave Sully, en garde contre toute innovation, résistait à son royal ami; mais Henri IV, fort de l'opinion d'Olivier de Serres et d'une commission instituée pour juger la question de savoir si les mûriers pouvaient prospérer ailleurs que sous un ciel méridional, donna suite à son utile projet nonobstant les représentations de son vertueux ministre, et sous son règne la *Touraine* et l'*Orléanais* produisirent d'abondantes récoltes de soie.

Voulant affranchir son royaume du tribut qu'il payait à l'étranger pour les riches étoffes de soierie qu'il en faisait venir, ce bon prince, en 1604, fit bâtir la place Royale dans le patriotique but d'établir, dans les vastes maisons qui l'entourent, des métiers de brocart d'or et d'argent. Le poignard de Ravaillac anéantit ces beaux projets en plongeant dans la tombe le généreux monarque qui les avait conçus.

Louis XIII, dirigé par l'ambitieux cardinal qui dominait et son maître et sa patrie, négligea ce que son auguste père avait si fortement

encouragé. Richelieu en répandant le goût des
soieries ne fit rien pour les rendre indigènes;
ses penchans tyranniques est ses projets ambitieux s'accordaient mal avec ceux des citoyens
qui auraient eu le désir d'améliorer l'état de
la France sous le rapport agricole ou commer-
cial.

Sous Louis xiv, Colbert, dont le vaste génie
sut prévoir tout ce que la culture du mûrier
pouvait apporter d'avantages à sa patrie, réta-
blit les pépinières royales qu'avaient négligées
ses prédécesseurs, et en établit de nouvelles
dans le Berry, l'Angoumois, l'Orléanais, le
Poitou, le Maine, la Franche-Comté, la Bour-
gogne et le Lyonnais. Il fit faire des plantations de mûriers en bordure et aux frais de
l'État, sur les terres de divers particuliers du
royaume, qui, ne connaissant pas l'avantage
qu'ils devaient en retirer, les laissèrent périr
faute de soin, ou hâtèrent leur perte de toute
autre manière....... Pour arrêter cet aveugle
vandalisme, on promit au propriétaire une
prime de 24 sous pour tout pied qui subsiste-
rait après trois ans de plantation; dès-lors plusieurs provinces, entre autres la Provence, le
Languedoc et le Dauphiné se couvrirent in-
sensiblement de cet arbre dont la dépouille

est pour celui qui sait en faire usage d'un si riche produit.

Louis xv favorisa l'impulsion donnée par son prédécesseur. Louis xvı, que secondait l'intelligent Turgot, marcha sur les mêmes traces. La révolution arrêta cet élan ; séduits par les sophismes ou plutôt par les théories creuses de certains novateurs qui voulaient implanter en France une république taillée sur le patron de celle de Sparte ou tout au moins de Rome, plusieurs cultivateurs commirent l'insigne faute d'arracher leurs mûriers.

Napoléon, considérant l'Italie comme une province dépendante de ses vastes États, fit peu de chose, parmi nous, pour la prospérité de cette branche d'industrie : d'ailleurs son empire n'étant qu'un vaste-camp et devant se transporter alternativement sur tous les points de l'Europe, où ses nombreuses armées combattaient pour sa gloire plutôt que pour le bien de la patrie, que pouvait-il pour l'agriculture malgré son étonnant génie ? Rien. L'agriculture ne prospère qu'à l'ombre de la paix : et voilà pourquoi le règne de Louis xviii vit s'accroître d'une manière si rapide le produit des mûriers parmi nous. Honneur au noble préfet du Rhône, LEZEY DE MARNÉSIA,

qui, en ordonnant que les communaux de
ce département fussent convertis en mûreraies
et en créant des primes pour les propriétaires
qui se livreraient avec le plus de zèle à la culture du mûrier, lui donna une impulsion si
salutaire ! L'exemple de ce sage administrateur
fut suivi par un grand nombre de ses confrères, aussi le produit de la soie, qui, en 1812
n'avait été que de 30 millions, fut-il en 1826
de 60. A cette époque, Charles x fonda l'établissement royal de bergeries avec la destination spéciale d'être consacré à la culture du
mûrier et à l'éducation de l'insecte auquel sa
feuille doit servir de nourriture.

Parlerons-nous de ce qu'on a fait pour na-
turaliser ce riche végétal dans les pays du
nord, tels que l'Angleterre, la Belgique, l'Al-
lemagne, la Russie, etc.; ce que nous pour-
rions en dire ne serait peut-être pas sans intérêt pour quelques-uns de nos lecteurs, mais
la majeure partie nous pardonnera sans peine
d'avoir terminé ici cette trop longue introduction. Toutefois nous croyons devoir dire pour
ceux dont l'orgueil national ou un sentiment
bien moins noble pourrait être échauffé à la
vue de ces tentatives, que nous ne croyons pas
nos voisins du nord en mesure de nous faire

concurrence, pas même de se passer du produit de notre sol, si, comme tout nous porte
à le croire, ils ne veulent pas mesurer leur
luxe à l'aune de leur réussite territoriale.

CHAPITRE II.

—

DES DIVERSES ESPÈCES DE MURIERS.

Que dans le seizième siècle on ait longuement écrit sur les avantages du mûrier, on le
conçoit, il n'était pas connu; mais qu'au dix-
neuvième on écrive de longs chapitres sur la
même matière, c'est-à-dire pour établir ce que
personne ne conteste, c'est là une de ces naïve-
tés dont je ne me sens pas capable. Et ne
serait-ce pas insulter à mes lecteurs que d'imiter un si singulier exemple? Qui ignore aujour-
d'hui que le mûrier produit la seule nourriture
vraiment convenable à la chenille, vulgairement appelée ver à soie, et que le produit
de cet admirable insecte peut enrichir les pays
où il abonde?... Un écrivain consciencieux ne
doit pas seulement s'abstenir de publier des
paradoxes ou des erreurs, il doit encore évi-

4

ter, avec le plus grand soin, tout ce qui, ne pouvant rien apprendre à ses lecteurs, n'aurait pour résultat que de leur faire perdre un temps toujours d'autant plus précieux que sa perte n'est jamais réparable. Ne dire que ce qu'on sait être vrai, le dire le plus simplement et le plus laconiquement possible, tel est le devoir de quiconque écrit dans la vue d'être utile à ses semblables, tel est le mien; je mettrai la plus grande attention à le remplir.

La famille des mûriers se divise en deux branches principales : la *noire* connue en Europe de temps immémorial, et la *blanche* qui nous vient d'Orient. Chacune de ces branches, la dernière surtout, se subdivise en une infinité de rameaux auxquels on a donné le nom de *variétés*; il existe entre elles des différences si sensibles, qu'on serait tenté de les prendre pour des individus de diverse espèce; mais quelque loin qu'il y ait de la large philippine à la petite feuille de persil que l'on rencontre si souvent dans nos pourettes, c'est évidemment à la même espèce qu'elles appartiennent l'une et l'autre. Une des variétés qu'on doit le plus s'attacher à connaître est celle que produit la différence de genre. La feuille du mûrier mâle, beaucoup plus nourrissante et par conséquent meilleure que celle du mûrier femelle, doit lui être préférée. Mais quel est le mûrier mâle? C'est celui dont tous les chatons tombent lorsque la fécondation est opérée, et qui par cela même ne porte point de fruit. Le mûrier femelle est celui en qui les mûres abondent; mais comme les individus unisexuels sont extrêmement rares et qu'on voit presque toujours sur une même tige des fleurs de différens genres, cet arbre, toujours excellent, doit être apprécié selon que les masculines y abondent et d'autant plus qu'elles y dominent davantage, attendu que les sucs qui auraient été nécessaires pour produire la mûre peuvent en passant dans la feuille en améliorer la qualité (1).

La cupidité de certaines personnes qui ne cultivent pas le mûrier pour en exploiter elles-mêmes la dépouille, leur fait souvent donner

----

(1) On a observé que les pommes de terre dont on retranchait la fleur produisaient des tubercules de meilleure qualité. Mais quand il n'en serait pas ainsi du mûrier, quand il serait démontré que la feuille de la femelle ne vaut pas moins que celle du mâle, ne devrait-on pas encore donner la préférence à celui-ci? N'ayant pas à nourrir des mûres, il doit ou produire de meilleure feuille, ou en produire davantage, ou se fatiguer moins et vivre plus long-temps. Dans les pays froids, dans le nord des Cévennes, par exemple, la feuille y est meilleure et les mûriers produisent moins de fruits, non, parce qu'il y fait moins chaud, mais parce que le mâle étant plus robuste, a dû naturellement y être préféré.

la préférence à la variété qui s'éloigne le plus de celle dont je recommande la culture, elles veulent du poids parce qu'elles veulent vendre, et des mûres parce qu'elles veulent du poids. Le consommateur ferait bien de ne pas acheter cette feuille, ou au moins d'en établir le prix d'après la plus ou moins grande quantité de fruit dont elle serait accompagnée. Tôt ou tard mon conseil trouvera des gens disposés à le suivre, car le méchant fait toujours une œuvre qui le trompe. Et non-seulement il est rationnel de penser que plus un arbre produit de mûres moins sa feuille est propre à la nourriture des vers à soie et à l'accumulation de son précieux trésor, mais encore il est certain que la santé de ces insectes peut être compromise par la trop grande humidité que ces mûres procurent à la couche; et qu'achetée à poids on perd sur la feuille et sur son *ramassage.*

Dieu, dont la bonté si souvent méconnue se manifeste en toutes choses, a voulu que la feuille qui sert de nourriture à la chenille dont le riche produit peut si puissamment influer sur la prospérité des peuples qui l'élèvent, fût scrupuleusement respectée par tout ce qui n'est pas elle. Ne devrions-nous pas bénir le

Seigneur de ce que nos mûriers ne sont jamais
la proie de ces myriades d'insectes, à qui quelques jours suffisent pour dépouiller de leur
verdure nos vergers et nos bois! Et ce n'est pas
seulement dans le précieux privilége accordé
à cet arbre que nous devons voir la bienveil-
lance de l'Éternel, elle apparaît encore dans
la faculté avec laquelle il peut successivement
être rendu capable de supporter des tempé-
ratures opposées, et par là même d'être utilement cultivé dans des pays divers. S'il n'eût pu
prospérer que sous le ciel de l'Inde, nous au-
rions été privés de ses trésors, et si, comme
on l'a trop long-temps pensé, le climat du midi
lui était absolument nécessaire, nos compatriotes du nord ne pourraient point nourrir
l'espérance de voir s'accroître leur industrie
agricole de ses riches produits; mais graces à
Celui qui *protége la France*, il n'est presque
pas de départemens dans ce vaste royaume où
cet arbre précieux ne puisse être acclimaté.
Plusieurs agronomes lui assignent pour limite
celle que la nature a assignée à la vigne; nous
n'hésitons pas à dire que c'est là une erreur;
il peut aller bien au-delà. Toutefois, qu'on y
prenne garde, l'empressement qu'on mettrait
à jouir pourrait compromettre la jouissance.

De même qu'un marseillais, accoutumé dès son berceau au beau soleil de la Provence, éprouverait une impression pénible s'il était tout à coup transporté dans les glaces de Sibérie, de même le mûrier ne franchit pas impunément des espaces trop considérables. Mais qu'on marche progressivement, qu'on divise l'espace à parcourir en plus ou moins de stations selon qu'il est considérable, et dès-lors on obtiendra le but sans inconvénient. Qu'on n'oublie pas que le mûrier est originaire des climats chauds, et que s'il peut réussir dans des régions tempérées ou froides, ce n'est que quand il y a été successivement préparé. L'impossibilité de *saoûter*, c'est-à-dire de pousser de nouvelles feuilles, après avoir livré les premières pour la nourriture des vers à soie, et de mûrir son nouveau bois, de manière qu'il puisse résister aux gelées automnales et donner l'année suivante une nouvelle récolte, est la seule barrière qui doive être posée à la culture du mûrier; encore pourrait-elle être impunément franchie pour le cultivateur assez riche, je devrais dire assez prudent pour ne le priver que tous les deux ans de sa précieuse dépouille; dans ce cas, les pousses printannières, mûries par le soleil d'été, n'auraient point à redouter lés rigueurs de l'hiver; leur extrémité, tendre et encore herbacée, ne leur résisterait sans doute pas, mais nos climats méridionaux parent-ils toujours à cet inconvénient?...

Parlerons-nous des avantages que pourrait procurer ce riche végétal indépendamment de son feuillage? M. La Rouvière, de Lyon, a prouvé que l'écorce de ses jeunes pousses, traitées à la façon du chanvre, fournissaient une filasse avec laquelle on pouvait obtenir de très-belles étoffes. Mais conviendrait-il de cultiver le mûrier pour la matière textile contenue dans ses pousses? Oui, peut-être, si nous n'avions pas d'autres moyens de l'utiliser, mais assurément non, pouvant obtenir de sa feuille une matière bien autrement précieuse; ce serait tout au moins échanger de l'or contre du cuivre, puisqu'il faudrait renoncer à la feuille pour obtenir le bois. Cependant une funeste routine, plutôt qu'une saine théorie, a mis un trop grand nombre de propriétaires à même de jouir simultanément de ces deux avantages; et je conseille très-sincèrement à ceux qui ne voudront pas se laisser persuader qu'ils ruinent leurs mûriers en les taillant, de profiter de la découverte de M. La Rouvière. Ils pourront dès-lors couvrir une partie de la perte à laquelle je voudrais les soustraire, par le profit qu'ils retireront du bois qu'ils sont dans le triste usage d'abattre chaque année. Qu'ils fassent donc ramasser les pousses de leurs arbres à mesure qu'on les coupe, qu'ils en fassent séparer l'écorce de la manière la plus avantageuse; qu'ils fassent rouir, carder et filer la matière soyeuse qui en résultera, ils pourront s'en défaire avantageusement, attendu qu'elle peut donner des tissus très-fins, très-forts et susceptibles de recevoir par la teinture les plus belles couleurs. Cette matière dont on fait en Morée des cordes et d'espadilles, peut également être employée avec le plus grand avantage à la fabrication du papier, ainsi que l'a prouvé M. *Delapière*, propriétaire de la papeterie de Vraichamp, qui, en 1829, a reçu une médaille d'or pour avoir confectionné une collection de papiers d'écorce très-digne de fixer l'attention (1).

Le bois du mûrier n'est pas non plus sans mérite: sa couleur citrine, la propriété qu'il a

(1) Il serait peut-être avantageux de laisser sécher les pousses avant d'en détacher l'écorce; en les mettant dans l'eau cette écorce s'en détacherait fort aisément et subirait ainsi un premier rouissage. D'ailleurs cette mesure aurait le grand avantage de n'exiger des bras que dans un moment où l'on peut en trouver plus facilement et à plus bas prix.

de prendre un beau poli et de rester long-
temps à l'eau sans s'altérer, en font un des
bois indigènes des plus précieux pour les arts.
Le sauvageon surtout, dont le pied cube ne
pèse pas moins de 43 livres, est un des meilleurs qu'on emploie en menuiserie.

Comme tous les grands végétaux, le mûrier
est pourvu de deux sortes de racines : le pivot et les racines horizontales. La première
peut être considérée d'abord comme une ancre
dont la mission est de le fixer au sol, et ensuite
comme une pompe au moyen de laquelle il
peut extraire de ses entrailles les sucs dont
il doit se nourrir et qui sans elle seraient perdus pour lui. Les secondes doivent tout à la
fois pourvoir à sa subsistance et contribuer
à sa solidité; sous ce dernier rapport, elles
jouent le rôle de cable ou d'arc-boutant, selon
le côté d'où part la force qu'elles ont à combattre. Chacune de ces racines principales est
armée d'une innombrable quantité de radicelles
auxquelles leur forme capillaire a fait donner
le nom de *chevelues*. Terminées en suçoir, les
radicelles pompent les sucs de la terre qui peuvent convenir à la plante, les transmettent régulièrement aux racines mères, qui, après les
avoir transformés en sève, les envoient au

5

tronc, et, par son intermédiaire, aux diverses branches dont sa tête est formée.

N'ayant d'autre désir que d'indiquer au cultivateur, jaloux d'augmenter le produit de ses terres, le moyen d'atteindre ce but, et sentant que, pour le voir réaliser, je dois, non le promener dans la région des hypothèses, mais bien le conduire dans la route d'une pratique sûre et basée sur les principes d'une sage théorie, je n'exposerai point ici les savantes divagations de certains agronomes qui ont voulu voir dans chaque mûrier le type d'une espèce différente ; je me bornerai à faire connaître les variétés les plus tranchées et qu'on peut supposer généralement connues. Ces variétés, je les ferai connaître non pas par les noms qu'elles portent, parce qu'ils ne sont pas les mêmes partout, mais par leurs qualités apparentes qui sont les mêmes en tout lieu.

I. **LE SAUVAGEON.** — On appelle ainsi tout mûrier venu de graine. La feuille qu'il produit, de beaucoup supérieure à celle des mûriers greffés qui ne sont néanmoins que des variétés de cette immense espèce, est en général petite, mince et fortement échancrée. Le mûrier sauvageon donne moins à la fois que le mûrier

greffé, mais dure davantage. Ainsi la qualité
de son produit et l'espoir, bien fondé, d'en
jouir plus long-temps, devraient bien ce me
semble nous rendre plus traitables sur l'article
de la quantité. Sans doute il se manifeste dans
nos pépinières des variétés intolérables : hé
bien! qu'on les détruise; ce n'est pas de celles-
là que j'entends prendre la défense; qu'on
greffe les trop petites variétés, mais qu'on se
garde bien de substituer à la feuille de *persil*
une feuille de *courge*. Sans doute la dépense
sera moindre pour la faire cueillir; mais cette
économie est-elle bien entendue? Est-elle réel-
le? Pour obtenir un quintal de cocons il faut
de 20 à 22 quintaux de feuille telle qu'on l'obtient par la greffe; à 50 centimes le quintal, on
dépensera de 10 à 11 francs. Je suppose qu'on
paie un tiers de plus pour la cueillette de la
feuille sauvage, la dépense sera moindre encore, attendu que l'expérience a démontré
qu'on pouvait obtenir avec 12 ou tout au plus
avec 13 quintaux de cette feuille ce qu'on
n'obtient qu'avec 20 ou 22 de l'autre Et si l'on
considère que la réussite de la chambrée est
toujours d'autant plus certaine que la feuille
est plus légère, moins juteuse, plus nourrissante, et de plus facile digestion, ne sentira-

t-on pas toute l'injustice' je dirai presque tout le ridicule de notre préférence pour la variété qui s'éloigne le plus de celle que nous devrions préférer ?

2. **LE MURIER FRANC.** — Le mûrier qui par l'effet de la greffe acquiert le nom de *franc*, n'est, comme je l'ai dit, qu'un sauvageon à plus large feuille; il en existe un grand nombre de variétés.

1° *Le Mûrier rose.* — Sa feuille la moins parenchymateuse et la plus gommo-résineuse est faiblement pétiolée, ovale, lisse des deux côtés, peu découpée et terminée par une pointe aiguë. De toutes les feuilles franches c'est incontestablement la meilleure, celle qui s'approche le plus de celle que produit le sauvageon. Pitaro dit que le *ver à soie s'en nourrit avec autant d'avidité que d'avantage*, et Thomé assure qu'il résulte de ses expériences que c'est celle qui, par ses qualités, se rapproche le plus du sauvageon.

2° *Mûrier d'Espagne.* — Ce mûrier, apporté par les Maures dans le royaume dont il porte le nom, donne une feuille, plus grande, plus épaisse et d'un vert plus foncé que le précédent. Cette variété est elle-même subdivisée en plusieurs variétés diverses; il en est une que Dandolo vante beaucoup : le mûrier à feuilles doubles ou à flocs; ainsi nommé, parce qu'il offre toujours au-dessous d'une feuille assez grande, deux feuilles de moindre dimension; dans cette sous-variété le fruit en très-grand nombre ne mûrit que bien rarement.

3° *Mûrier de Toscane.* — Cette variété que M. Bosc nomme *reine batarde*, produit une mûre noire, une feuille dentelée et deux fois plus large que la rose. M. Madiol la dit supérieure aux variétés précédentes, mais *Dandolo* n'est pas de cet avis.

4° *Mûrier de la Cochinchine.* — Ce mûrier, que quelques propriétaires ont déjà introduit en France, a de très-larges feuilles, voilà tout ce qu'on peut en dire encore de plus flatteur ; et toutefois je ne pense pas que cet avantage lui assigne un rang bien distingué dans notre agriculture; car moins rappochées sur la pousse que dans les variétés déjà décrites, il est à peu près certain qu'à volume égal un mûrier d'Espagne produirait autant qu'un mûrier de la Cochinchine.

5° *Mûrier de Pavie.* — Cette variété qui a plusieurs traits de ressemblance avec la précédente, et que nous devons au célèbre *Moretti*, conservateur du jardin botanique de Pavie, qui l'a trouvée en 1816, et conservée par la greffe, produit une feuille de 8 à 9 pouces, ovale ou cordiforme, terminée par une pointe aiguë, lisse des deux côtés, d'un beau vert luisant et beaucoup moins épaisse que celle du mûrier d'Espagne. M. Moretti la dit éminemment soyeuse; son fruit, d'un violet clair, se fonce en mûrissant.

6° *Mûrier de Constantinople.* — Ce mûrier, commun en Turquie et en Grèce, est peu élevé, ses branches sont grosses, ses feuilles luisantes et en touffe, son fruit solitaire et d'un très-beau blanc. M. Loiseleur-Deslonchamps assure que 100 cocons de vers à soie nourris avec la feuille de cet arbre pesaient trois gros de plus qu'un pareil nombre provenus de la même qualité de vers, également soignés, mais nourris avec toute autre variété de feuille.

7° *Mûrier rouge ou de Virginie.* — Comme son nom l'indique, cet arbre nous est venu de l'Amérique du Nord, ses feuilles, grandes, oblongues, rudes, cordiformes, ne sont guère du goût des vers à soie, et si j'en parle, c'est pour engager mes lecteurs à le laisser loin de leur champs.

8° *Mûrier de Philippine.* — Ce mûrier qu'on

vante si étrangement, et qui peut être très-bon là où il a été pris, ne vaut rien parmi nous : il est si précoce que les gelées printannières nous le rendront toujours inutile, et sa feuille est si large et si mince, que les vents qui règnent dans nos contrées méridionales achèveraient constamment de détruire ce que les gelées auraient épargné. Laissez aux îles Philippines le fameux *multicauli*, c'est le conseil de la prudence.

9° *Le Mûrier romain.* — La feuille qu'on appelle *romaine* est grande, très-juteuse cueillie sur un arbre jeune ou bien placé; si l'arbre est vieux et planté dans un terrain peu fertile elle perd de ces qualités pernicieuses.

10° *Le Poumaou.* — Cette variété diffère bien peu de la précédente; sa feuille, ovale, épaisse, grande, d'un vert foncé, est très-indigeste. Pourquoi faut-il qu'elle soit si multipliée parmi nous?

11° *La Fourcade.* — Cette variété, très-bonne, d'un vert luisant et fortement échancrée a presque la forme d'une fleur de lys : l'arbre qui la produit, poussant beaucoup de bois et portant peu de fruits, doit occuper une large place dans nos plantations.

12° *La Rabalaïre.* — Cette variété joint aux

avantages de la précédente, celui de ne pousser qu'une dixaine de jours plus tard, et par
là même de ne pas craindre les gelées printannières, avantage fort considérable même dans
le midi où nous avons à redouter les touffes
de juin, car le meilleur moyen de les éviter est
de faire monter sa chambrée en mai. Et comment le peut-on quand la feuille a été brouie
en avril? Recommander la culture des variétés
les moins précoces me semble donc agir de la
manière la plus conforme à la raison et conséquemment à l'intérêt de nos cultivateurs.

13° *La Colomba ou Blanquette.* — Cette
feuille est fine, lisse, luisante, mince, petite;
l'arbre qui la produit pousse beaucoup et
porte un fruit blanc ou rouge, ou légèrement
purpurin. C'est dire qu'il en existe plus d'une
sous-variété. Digne rivale de la rose, la *colomba* ou *blanquette* est très-soyeuse, de très-
facile digestion, et par conséquent très-propre
à la réussite de l'insecte qui s'en nourrit.
Pourquoi faut-il qu'on n'en cueille plus chez
nous que sur quelques vieux arbres dont la
vigueur naturelle s'obstine à disputer au temps
leurs rameaux éclaircis! Pourquoi faut-il que
nos modernes agriculteurs en aient sacrifié
l'espèce à celle du *poumaou!* La raison frémit

à la vue d'un si désastreux sacrifice que l'illusion seule a pu conseiller, mais que l'intérêt aurait dû proscrire. Abandonner la culture des mûriers à feuilles larges, rudes, épaisses, non dentelées, juteuses et par là même indigestes, pour vous livrer à celle de ceux qui, se rapprochant le plus du sauvageon, en donnent de petites, minces, luisantes, lisses, rondelettes ou échancrées, tel est le conseil que vous donne votre intérêt, de concert avec l'expérience.

Les noms des diverses variétés de feuille changeant presque à chaque localité, je sais qu'on ne pourra reconnaître celles dont je recommande la culture, qu'autant qu'on suppléera aux lumières qui doivent résulter des noms, par la description que nous en avons donnée. Mais je compte sur la sagacité de mes lecteurs. Je leur ai dit que la feuille de sauvageon était incomparablement celle qui convient le mieux au ver à soie, j'ajoute que de cette vérité d'expérience on doit conclure que la variété qui a le moins de ressemblance avec elle est celle qui lui convient le moins, et cela doit suffire. Oui, avoir signalé les deux points de comparaison, c'est avoir tracé à tout cultivateur intelligent la route qu'il doit suivre.

6

Ainsi sous quelque dénomination que soit connue dans son pays cette variété large, ovale, épaisse, non dentelée, d'un vert foncé, qui dans le mien est appelée *poumaou*, il saura lui substituer une variété plus fine, moins indigeste, plus nutritive, plus résineuse. La variété petite, luisante, ferme, qu'on appelle *blanquette* ou *colombassette* et la variété *rose*, sont celles qui, après la sauvage réunissent au plus haut point toutes ces qualités. Sans doute les variétés de grosse espèce produisent plus de feuille que celles que nous proposons de leur substituer, mais est-ce pour la feuille que l'on cultive le mûrier? Non, c'est pour la chenille qui doit s'en nourrir et pour la soie qu'elle doit produire. Il est donc rationnel, je dis plus, indispensable de cultiver la variété dont la feuille, contenant sous un moindre volume une plus grande quantité de nourriture et de matière soyeuse, convient le mieux à la constitution du ver à soie et peut, par conséquent, contribuer le plus à sa réussite. Notre calcul est donc faux, notre cupidité est donc mal éclairée, lorsque, séduits par les apparences, nous substituons aux variétés les plus propres à nous faire atteindre ce but, à la colombassette, à la rose, à la rabalaïre, à la fourcade, en un mot à la feuille fine, petite, dentelée, et qui se rapproche le plus de la sauvage, celle qui s'en rapproche le moins, la *poumaou*. En agir ainsi, c'est bien prouver que l'on veut de la feuille, et si je cultivais mes mûriers pour mes bœufs je n'en voudrais pas d'autre, mais ce n'est pas prouver qu'on veuille des cocons; et néanmoins c'est à ce résultat qu'on aspire. Je ne doute nullement que l'introduction dans nos pays de ces grosses espèces et le funeste usage de tailler les mûriers trop souvent et trop court, n'aient influé sur la qualité de nos soies et appauvri nos récoltes de cocons.

CHAPITRÉ III.

—

DU MURIER NOIR.

Cette espèce est généralement regardée comme indigène d'Europe; quelques auteurs lui assignent pour berceau le beau climat de l'Italie; d'autres prétendent que c'est à la Perse que nous en sommes redevables, et qu'il n'est parmi nous que naturalisé (1). S'il en est ainsi, il a dû mériter depuis long-temps la faveur qu'on lui a faite, puisque l'époque de sa naturalisation se perd dans la nuit des âges et à tel point que ce n'est que sur de simples conjectures qu'on le suppose originaire des régions orientales. Quoi qu'il en soit du lieu qui le vit naître, il est certain qu'il a été connu

(1) M. l'abbé de Sauvages pense que l'indigénat européen de cet arbre et très-douteux; il s'appuie sur ce qu'il ne croit pas naturellement dans nos bois et sur ce que la seule chenille qui l'attaque est d'origine étrangère.

en Europe de temps immémorial, et cultivé parmi nous dès le milieu du quinzième siècle. Cet arbre produit une grosse mûre noire ou d'un violet très-foncé, vulgairement appelée *mûre de dame*, dont on fait un excellent sirop. Sa feuille, grande, dentelée en forme de scie, épaisse, rude au toucher, lanugineuse, terminée en pointe, d'un vert très-foncé, pousse dix ou douze jours plus tard que celle du mûrier blanc et donne une soie plus grossière, mais plus forte, plus pesante, et très-recherchée pour les ouvrages de passementerie (1). Cette espèce, qu'on ne cultive guère de nos jours que dans le royaume de Grenade et dans quelques provinces d'Italie, était jadis cultivée parmi nous avec beaucoup de soin, et son produit de beaucoup préféré à celui qu'on lui préfère maintenant. *Barthelemi Lafémas*, qui écrivait au commencement du dix-septième siècle, assure que la feuille de cette qualité se vendait généralement trois fois plus que celle de toute autre. On avait tort à cette époque de

(1) Corfuccio, éducateur italien, assure, dans un ouvrage publié en 1580, que les vers à soie nourris avec la feuille du mûrier noir sont beaucoup plus vigoureux que ceux qu'on nourrit avec celle du blanc. Malpighi et Olivier de Serres la vantent beaucoup et disent avoir observé que la soie qui en provient est plus forte et plus pesante que celle qu'on peut obtenir avec toute autre espèce.

donner trois fois plus pour avoir un peu moins; mais a-t-on raison aujourd'hui d'abandonner tout-à-fait la culture d'un arbre qui produit une feuille dont le ver à soie s'accommode fort bien et qui, s'il vient lentement, semble braver les siècles et promettre à son possesseur un éternel produit? Un des motifs qui ont déterminé cet abandon, est probablement la difficulté de multiplier les individus de cette espèce; mais si la marcotte, la bouture et la greffe étaient des moyens longs, chanceux et par là même insuffisans, que ne recourrait-on au semis comme on l'a fait pour ceux de l'autre?... Voulez-vous rendre au mûrier noir un peu de cette faveur dont il a joui, prenez de grosses mûres au moment de leur maturité, obtenez-en la graine, semez-la et cultivez-en les pousses, soit en pourette, soit en pépinière, ainsi que je le prescris pour ceux de l'autre espèce aux chapitres suivans.

Les racines de mûrier noir n'ayant pas beaucoup de chevelu, vous devez avoir soin, en les plantant à demeure, de lui en laisser le plus possible, afin qu'il puisse plus aisément pomper les sucs de la terre et répondre plus promptement à vos désirs. Ayez soin également de ne pas le reléguer dans un endroit qui ne serait pas de son goût et où il ne pourrait que languir en attendant une mort prématurée. N'oubliez pas qu'il aime les climats tempérés, les plaines découvertes, les pays maritimes, la pente des montagnes, l'exposition du levant, les terres meubles, légères et suffisamment humides; qu'il se plaît beaucoup dans le voisinage des bâtimens, pourvu qu'il n'en soit pas ombragé, mais qu'il se refuse à prospérer dans le tuf, l'argile, la craie et les terrains trop humides. Le bois du mûrier noir, auquel je n'oserai garantir la vertu de chasser les punaises, comme l'ont fait certains auteurs, est beaucoup plus dur que celui du mûrier blanc, et peut être plus utilement employé en menuiserie aussi bien qu'en charronage.

CHAPITRE IV.

—

DE LA REPRODUCTION DU MURIER.

La marcotte, la bouture et la graine, tels sont les moyens de multiplier cet arbre d'autant plus précieux que son produit résidant dans son feuillage ne peut jamais frustrer entièrement nos espérances, comme le font trop souvent le plus grand nombre de ceux qui peuplent nos vergers; cet arbre dont la riche dépouille doit annuellement accroître la prospérité des pays favorables à sa culture, aussitôt qu'affranchis du joug de la routine ceux qui l'y cultivent sans principes, l'y cultiveront avec intelligence et avec soin. La greffe a mal à propos été mise au nombre des moyens par lesquels les végétaux peuvent être multipliés, attendu que, ne pouvant être utilement opérée que sur des individus de même nature, elle ne peut servir qu'à la propagation des diverses variétés. Mais qui ne verrait, dans l'extrême facilité avec laquelle et les variétés et les individus se propagent, l'ineffable bonté du Créateur? Oh! admirons son infinie munificence et profitons avec action de grâce de ce qu'il nous accorde avec une si admirable profusion.

I

De la reproduction du mûrier par marcotte.

Si je n'écrivais que pour les propriétaires académiciens ou même simplement littérateurs, je ne me serais pas permis de donner à mon style une tournure si bourgeoise, et je me garderais bien certainement de donner ici une définition de la *marcotte;* mais j'écris pour tout le monde, j'écris en 1836, j'écris dans le but d'être utile, et je dois, pour l'atteindre, sacrifier mes petites prétentions littéraires au besoin d'être compris.

On donne le nom de *marcotte* à l'opération qui a pour objet de multiplier certains végétaux, et qui consiste à placer en terre une pousse de l'individu qu'on veut propager, de

7

l'y placer de la manière la plus propre à lui faire produire des racines, et de ne la séparer de la mère plante que quand elle en a acquis un assez grand nombre pour vivre de sa propre vie et être constituée en individu distinct. L'extrême facilité de propager les espèces par la greffe et les individus par le semis, jointe à la difficulté de mettre en terre les branches du mûrier, ont fait renoncer presque partout à la marcotte. Si nous n'avions d'autres moyens que celui que proposait *Isnard* en 1665, que *M. Boitard* nous a transmis en 1828, habillé à la moderne, et qui consiste à faire passer la branche à travers un pannier rempli de terre que soutiennent plusieurs pieux, je louerais mes concitoyens d'y avoir renoncé; mais la marcotte offre des avantages que l'on peut obtenir sans passer par ces ridicules inconvéniens. Qu'on coupe à 6 pouces au-dessus du sol un mûrier planté dans un bon fonds et greffé rez-terre depuis quatre ou cinq ans, on obtiendra de cette souche des pousses magnifiques qui, marcottées à leur première année, pourront être, à leur troisième, autant d'individus distincts. Là est tout le secret de ces pépinières perpétuelles que l'on trouve en si grand nombre dans tout le Verronnais et si fortement prônées par le comte Verri.

Les provins enlevés, le mûrier mère, qu'on a dû couvrir et qu'on découvre aussitôt, pousse de nouveaux jets, que la même opération transforme, dans la même période, en arbres susceptibles d'être avantageusement plantés à demeure, et, selon les plus fortes probabilités, susceptibles de résister plus long-temps aux diverses causes de mort que ceux qu'on a greffés sur sauvageon : car, dans ceux-là, la plus parfaite similitude existe entre les racines et les branches, tandis que dans ceux-ci il y a toujours, entre ces deux organes, une plus ou moins grande dissemblance; et qui ne sait que le défaut d'équilibre doit tôt ou tard entraîner la ruine de l'individu en qui il se manifeste (1)?

Ce principe, que je regarde comme incontestable, peut efficacement concourir à l'explication d'un fait qui, vu sa généralité, ne doit être étranger à personne. Tout le monde sait qu'il n'est pas un de ces vieux mûriers, qu'on nomme *de la prime* et quelquefois *de l'ordonnance*, pas même de ceux à qui l'on ne

(1) Le docteur Pitaro dit que les mûriers provenus de marcotte ou de bouture ne vivent que le temps que doit vivre l'individu dont ils ont été pris; et quelle preuve donne-t-il à l'appui de cette étrange assertion ? Sa parole.

peut accorder moins d'un siècle, qui produise
de ces larges feuilles que notre aveugle cupidité a si étrangement multipliées de nos jours.
Personne n'ignore que les mûriers de grosse
variété sont moins vivaces que ceux de petite;
mais peu se doutent que cette différence vient
de la conformité ou de la dissemblance entre
les branches et les racines, et que c'est à cette
conformité qu'est due l'existence de ces mûriers presque *tri-séculaires* que l'on rencontre
çà et là dans les divers endroits où l'on s'est
livré de bonne heure à la culture de cet arbre
précieux et qui condamnent énergiquement
les modernes procédés d'après lesquels on le
traite dans diverses contrées. Oui la greffe
nuit à la prospérité de ce riche végétal, et
d'autant plus que la qualité qu'on veut faire
produire au sauvageon diffère davantage de
celle qu'il aurait naturellement produite. La
racine, ignorant si l'insatiable avidité de l'homme a pu intervertir sur l'individu dont elle
fait partie l'ordre de la nature, pompe des sucs
suffisans pour nourrir des branches de même
variété qu'elle; mais quand ces branches se
trouvent plus dépensières, ses pousses doivent
être plus courtes et sa vie moins longue. Je
n'ignore pas que les végétaux aspirent par

leurs feuilles, comme ils pompent par leurs
racines, lés principes qui doivent concourir à
leur développement, et qu'alors plus la feuille
d'un végétal est grande, plus elle doit apporter à la plante qui la nourrit; mais si les feuilles
absorbent en raison directe de leur volume,
elles transpirent dans la même proportion. Or
comme il est impossible qu'un ouvrier, quels
que soient d'ailleurs ses bénéfices, puisse jamais augmenter sa fortune s'il dépense régulièrement en un jour ce qu'il a gagné en un
autre, il ne l'est pas moins que la plus grande
absorption d'une feuille accroisse la prospérité de l'arbre sur lequel elle vit. On a bien
souvent dit que la greffe donnait de l'activité
à la végétation; c'est une erreur ayant pour
cause une illusion semblable à celle qui a
fait dire et qui fait répéter que la taille donne
plus de vigueur et par suite une plus riche
dépouille aux mûriers qu'on y a soumis. Dans
l'un et l'autre cas, la sève n'ayant plus que
quelques bourgeons à nourrir, les nourrit
avec plus d'abondance; mais cette supériorité
de vigueur que semblent indiquer de plus
grandes pousses et qu'on attribue, dans le premier, à la greffe, et, dans l'autre, à la taille,
qu'est-elle, qu'une trompeuse illusion? Deux

cents pousses d'un pied ne valent-elles pas
mieux que vingt-cinq de quatre? Et toutefois je
n'entend condamner d'une manière absolue ni
l'une ni l'autre de ces opérations : exécutées
à propos et retenues dans de sages limites,
elles sont fort utiles, je n'hésite pas même à
dire indispensables. La marcotte qui, comme
on l'a vu, pourrait être aisément pratiquée,
et qui a l'avantage de donner des individus de
bonne espèce harmoniquement organisés, a le
grave inconvénient de ne fournir que des
plants dépourvus de racines pivotantes, et
nous avons fait voir de quelle utilité pouvaient
être de semblables racines.

II

De la multiplication du mûrier par bouture.

Ce mode de reproduction joint à tous les
avantages de la marcotte celui d'une beaucoup plus grande facilité; mais, comme elle, il
a le grand défaut de ne fournir que de plants
dépourvus de racines verticales, c'est-à-dire du
pouvoir de résister aux violentes secousses et
des moyens d'aller chercher dans les entrailles

de la terre les sucs qu'elle contient, et la fraîcheur qui trop souvent manque à sa superficie,
et que ne peuvent atteindre dans ses profon-
deurs ni la violence des vents, ni les chaleurs
caniculaires. Avec quelle rapidité, quelle facilité et quelle économie ne peut-on pas multiplier par la bouture les meilleures variétés!...
Est-ce l'inconvénient que nous venons de signaler qui a fait tomber dans l'oubli et regarder même comme chimérique un procédé si
éminemment avantageux, un procédé que pré-
conisent les plus judicieux agronomes et qu'on
suit avec tant de succès dans l'Inde? Non,
assurément, puisqu'une misérable pratique,
une aveugle routine porte presque tous nos
cultivateurs à retrancher la racine dont manquent les individus provenus de bouture.
Qu'est-ce donc qui a pu le faire reléguer dans
les régions de l'oubli? Je l'ignore. Mais j'ap-
prendrais, sans surprise, que c'est à la ruse de
certains jardiniers qu'est dû cet impardon-
nable abandon. N'est-il pas supposable qu'ils
aient voulu, par leur semis, imposer un tribut
à nos cultivateurs? Quoi qu'il en soit, la bouture doit reprendre, dans la formation de nos
pépinières, la place qu'on n'aurait jamais dû
lui ravir. Aux nombreux avantages qui mili-

tent en faveur de cette réhabilitation et que nous avons déjà énumérés, j'ajouterai celui qui résulte de l'inutilité de la greffe, avantage d'autant plus précieux que la réussite de cette opération dépendant beaucoup de l'état de l'atmosphère, on peut être obligé de la répéter inutilement plusieurs années de suite sur le même sujet, et alors quelle perte de temps et par là même de produit !...

Dirai-je que de cet inconvénient, auquel il est impossible de se soustraire, résulte des dépréciations irréparables et devant lesquelles s'efface la question de produit? Mais personne n'ignore combien il est pénible de voir dans une belle avenue de mûriers, deux, quatre, six d'entre eux qui ne prennent point à la greffe et demeurent toujours inférieurs à leurs voisins. Rien de tout cela n'aurait lieu si l'on plantait des sujets provenus de bouture. Mais comment obtenir ces sujets? Le voici : coupez sur l'arbre dont vous voudrez propager l'espèce, et plutôt en automne qu'au printemps, des pousses de l'année, de deux pieds à deux pieds et demi, plantez-les à trois pieds de distance dans un terrain bien préparé, à l'abri des rayons solaires, à dix-huit pouces de profondeur, et de manière qu'il ne sorte que deux ou trois bourgeons; travaillez-les souvent, arrosez-les de même, et dans quatre ans, au plus, vous aurez des plants magnifiques qui, convenablement placés, répondront infailliblement à vos désirs. J'ai dit que le terrain devait être à l'abri des rayons du soleil, et cette condition est une condition de réussite; si elle n'était pas remplie, une trop forte transpiration ne tarderait pas à dessécher la bouture, surtout dans les premiers jours où, dépourvue de racines, elle ne pourrait point emprunter au sol de quoi réparer ses pertes. Pour vaincre la difficulté de trouver un terrain suffisamment ombragé et néanmoins propre à l'établissement d'une pépinière en bouture, on pourrait les planter à quelques pouces seulement les unes des autres, dans un lieu frais et ombragé, d'où on les transplanterait l'année suivante munies de racines et par là même en état non-seulement de ne pas craindre l'influence des rayons solaires, mais même d'en profiter pour leur développement, dans un terrain convenable à une pépinière. Là on agirait comme pour les plants de semis.

Que le mûrier prenne par bouture, c'est ce que le plus mince agriculteur n'oserait ignorer. Qui n'a pas vu dans nos pépinières la tête

8

des jeunes plants qu'on est dans le funeste usage de couper et à laquelle on a donné le nom de *guide*, parce qu'on le place à côté de la tige, pour indiquer qu'elle est là, pousser aussi vigoureusement que la tige elle-même? J'ai vu, moi, et non pas par les yeux d'un aveugle correspondant, mais avec les miens propres, une table de trois cents boutures, plantées en même temps et dans le même terrain que quatre cents plants de pourette parfaitement racinés, faire des progrès tels, que les arbres qui en provinrent furent vendus trois ans après, tandis que ceux qui vinrent de pourette ne le furent que dans quatre. Ce fait, dont l'étrangeté pourrait faire suspecter l'exactitude, s'est passé à Sauve, dans le jardin de M. Simon Bres, jardin que je vois d'autant plus souvent, qu'il n'est séparé que par un étroit chemin de celui que je possède.

III

Reproduction du mûrier par sa graine.

Ce mode de reproduction, le plus généralement adopté, serait sans doute préférable à

ceux que nous venons de décrire, si l'on se-
mait la graine là où l'on désire voir croître le
mûrier; dans ce cas, la racine pivotante four-
nirait à l'arbre tous les avantages qu'elle a
mission de lui fournir. Mais peut-on dire qu'il
soit raisonnable de le leur préférer alors qu'on
renonce volontairement au seul avantage qui
pourrait déterminer la préférence? Non, car
toutes choses égales, quant aux racines, il ne
reste, pour la lui mériter, que l'inévitable inconvénient de produire des individus qu'il faut
soumettre à la greffe, c'est-à-dire à une opération toujours plus ou moins nuisible, toujours plus ou moins destructrice de l'harmonie
que réclame, dans leur organisation, la prospérité des végétaux. Quelques auteurs ont
prétendu que les individus provenus de boutures étaient plus sujets aux maladies que ceux
qu'on obtient de semis; mais si l'on prend les
pousses sur des sujets vigoureux, que peut-on
raisonnablement craindre? Rien; au contraire
les plus fortes probabilités doivent nous faire
attendre à leur longue existence.

J'ai dit que pour obtenir de la racine pivotante tous les avantages qui peuvent en résulter, il faudrait semer la graine là où l'on désire
voir croître le mûrier, c'est-à-dire ne jamais

changer de place l'individu qui en provient;
car, comment avec nos procédés de pourette
et de pépinière pourrait-on, même avec le
plus grand soin, obvier tout-à-fait à l'inconvénient attachés à ceux de la marcotte ou des
boutures? Cette racine, si nécessaire, peut-
elle résister à deux transplantations? Quand
elle ne périrait pas en passant de la pourette
à la pépinière, se sauverait-elle en passant
de celle-ci à la place qu'on assigne au mûrier
pour dernière demeure? Non, la plus minu-
tieuse attention du plus intelligent agriculteur ne peut, tout au plus, que lui conserver
le rôle de racine horizontale. Il faut donc renoncer à l'espoir d'obtenir des mûriers pourvus d'un si précieux agent de prospérité, car
il est impossible de les obtenir de graines là
où il nous convient de les placer, diront sans
doute un grand nombre de mes lecteurs. Si
vous parlez d'un terrain léger, maigre et aride, oui, vous avez raison; mais dans un terrain un peu substantiel, dans un terrain arro-
sable, où trouverez-vous cette impossibilité?
dans la faiblesse de l'individu qui pourrait
succomber sous la dent de vos bestiaux? Eh
bien! protégez cette faiblesse par une bonne
haie, et soyez convaincus que le travail que

vous occasionnera cette nécessité ne demeu-
rera pas sans récompense. Votre mûrier adap-
tant son organisation aux circonstances du
terrain, y vivra plus long-temps et plus beau :
quel bien en effet ne doit-il pas résulter pour
lui de la non-mutilation des racines deux fois
inévitables dans notre système de pourette et
de pépinière? Voilà ce que je conseille, voilà
le moyen de mieux faire qu'on n'a fait jusqu'ici. Voyons maintenant quelle route on
doit suivre quand on n'est pas décidé à entrer
dans cette voie de perfectionnement.

La plupart des maladies, sous l'action desquelles dépérissent et succombent nos mûriers, n'ayant le plus souvent pour cause que
l'imperfection des graines dont ils sont provenus, il est de la dernière importance d'apporter le plus grand soin possible au choix de
celle que nous destinons à nos semis. Voulez-
vous une pourette forte (1), de belle venue,
cueillez sur un mûrier de moyen âge (2), vigoureux, planté dans un terrain plutôt maigre

(1) C'est terme consacré pour désigner sur le semis les jeunes
plants de mûriers.

(2) Plusieurs agronomes conseillent de choisir la graine sur un
mûrier rose ; elle donne, disent-ils, des sujets plus vigoureux. 16
onces de graine produisent environ 16,000 mûriers.

que gras, les mûres les plus grosses; écrasez-
les dans un baquet plein d'eau, que vous aurez soin de verser souvent, afin de répandre
avec elle les graines qui surnageraient et dont la
légèreté attesterait le peu de perfection. Cette
opération terminée, lavez bien celles que leur
pesanteur spécifique a fait précipiter, faites-les
sécher à l'ombre, et si vous ne voulez les semer qu'au printemps, mêlez-les avec la quantité de sable nécessaire pour ne pas les répandre trop épaisses, et serrez-les dans des vases
de terre que vous aurez soin de bien boucher
et de tenir dans un lieu où le thermomètre ne
puisse jamais descendre au-dessous de zéro.
Le sable quoique sec, et il faudrait bien se
garder d'en employer d'humide, empêchera la
trop grande dessication de la graine, et en lui
conservant sa fraîcheur, rendra sa germina-
tion plus active. Une précaution qu'on fera
bien aussi de ne pas négliger, c'est de laisser
au moins deux ans sans effeuiller l'arbre dont
on veut semer la graine. Le semis peut se faire
en août dans le pays où l'olivier prospère;
mais dans ceux-là, comme dans ceux où la
rigueur du froid s'oppose à sa culture, il est
plus avantageux de ne le faire qu'au printemps : vers les premiers jours de mars, dans

les pays chauds; à la fin d'avril, dans ceux où l'hiver fait plus long-temps sentir sa poignante influence et dans lequel on aurait à redouter l'effet des tardives gelées. C'est une grave erreur, et une erreur bien fertile en funestes résultats, que de croire qu'un semis ne puisse réussir que dans un terrain gras. Sans doute les progrès des jeunes plants sont toujours en rapport avec la richesse du sol, mais si ce sol est plus riche que celui auquel il faudra bientôt les confier, s'il est meilleur que celui de la pépinière, combien n'auront-ils pas à souffrir! Les plantes ne franchissent pas avec plus de plaisir que les animaux la barrière qui sépare le bien-être du mal; pour elles, comme pour eux, la chute d'un état de prospérité à un état de misère, est une chute douloureuse. Le rapport que je réclame entre le sol de la pourette et celui de la pépinière, doit exister entre le sol de celle-ci et celui sur lequel on veut définitivement établir les jeunes plants. Sans doute, dans son enfance, le mûrier exige plus de soin que quand il est parvenu à sa virilité; mais qu'on ne s'éloigne pas trop des principes que je viens de poser, on ne le ferait pas impunément. Le moyen de bannir de nos plantations ces mûriers rachitiques à l'aspect desquels nos yeux

sont si douloureusement affectés, serait de
faire toujours passer ces arbres d'un terrain
maigre à un terrain plus gras; car, de même
que les enfans, gâtés par une éducation trop
douillette sont plus sensibles aux coups de
l'adversité et supportent avec plus de peine les
privations qu'elle impose que ceux qui n'ont
jamais connu les douceurs de l'aisance, de
même les jeunes plants, après avoir poussé
dans un terrain où les meilleurs sucs abondent, ne peuvent que souffrir lorsqu'ils sont
transplantés sur un sol aride et peu substantiel.

Le terrain sur lequel vous voulez faire un
semis au printemps, doit être défoncé, fumé,
préparé dès l'automne afin que les gelées de
l'hiver l'ameublissent et le disposent à recevoir convenablement la graine qui doit lui
être confiée. Négliger ces précautions, ne préparer la terre qu'au moment où elle doit être
ensemencée, ne l'amender qu'avec du fumier
chaud ou peu pourri, est une faute grave qui
peut avoir les plus funestes résultats.

Ne me croyant pas obligé de décrire aussi
minutieusement que mes prédécesseurs les
règles d'après lesquelles doivent être formées
les planches du semis, parce que leur forme

ne peut nullement influer sur sa réussite,
si elle ne contrarie ni sa culture ni son irri-
gation, et que pour remplir cette condition il
ne faut pas une forte dose de génie, je me
bornerai à dire qu'après avoir bien uni le sol,
il faut y placer un cordeau, creuser tout du
long une petite raie, y répandre la graine mê-
lée avec du sable afin de n'en pas trop mettre (I), puis la recouvrir d'un pouce et demi
à trois pouces de terre, suivant son plus ou
moins de perméabilité; que, soit pour faciliter
la culture du plant, soit pour lui fournir les
moyens de croître avec vigueur, il faut que les
diverses raies soient séparées par un intervalle
de dix à douze pouces, et qu'entre chacun des
pieds destinés à vivre dans la même, il y en
ait un de dix-huit lignes au moins. C'est trop,
beaucoup trop, dira peut-être quelque vieux
pépiniériste; oui, pour vous qui ne visez dans
vos pourettes qu'à fournir nos marchés et qui
devez combiner l'exiguité de votre terrain
avec l'étendue de votre cupidité; mais pour le
propriétaire qui destine la sienne à peupler

(I) Il est des personnes qui aussitôt après avoir cueilli les mûres,
les écrasent en les frottant contre une vieille corde qu'elles enterrent
incontinent. Cette antique méthode, à laquelle on a presque entière_
ment renoncé, avait l'inconvénient de faire semer avant l'automne,
trop épais, et les mauvaises comme les bonnes graines.

9

ses champs, ces proportions sont nécessaires pour prévenir l'étiolement et avoir des plants plus tôt prêts, de belle venue, vigoureux et exempts des maladies qui trop souvent désolent nos plantations.

Quelque soin que vous apportiez à répandre votre graine, il lèvera toujours plus de sujets que vous ne devez en laisser; arrachez les plus faibles après quinze ou vingt jours, et apportez à cette opération la plus grande attention possible. Arrosez abondamment vos tables la veille du jour où vous devrez faire ce triage, de crainte qu'en arrachant ceux qui doivent l'être, vous ne dérangiez les petites racines de ceux que vous devez laisser. En donnant à votre semis tous les soins qu'il exige, en l'arrosant toutes les fois qu'il en aura besoin, en lui donnant de fréquens binages pour le débarrasser des herbes parasites, et émietter la terre de telle sorte qu'elle puisse aisément profiter des influences atmosphériques, votre pourette aura acquis avant les gelées automnales une hauteur moyenne de quinze à vingt pouces et assez de force pour n'avoir rien à redouter de leur action. Le printemps suivant vous aurez à opter entre la méthode italienne, que je vous conseille avec plusieurs bons agronomes, et qui consiste à couper les jeunes plants rez-terre pour pouvoir les greffer l'année suivante ; et celle de la plupart de nos agriculteurs qui veulent qu'on choisisse les plus grands pour les transplanter en pépinière, et qu'on coupe les autres qui devront y être transplantés l'an d'après et y subir encore la même opération. Ceux-là ne veulent de la greffe qu'après la plantation à demeure et à une certaine hauteur, sous le double prétexte que la tige de sauveageon donne à l'arbre plus de chance de vie et à son possesseur un bois plus précieux après sa mort ; de ces deux considérations, la première est absolument nulle, puisqu'elle a pour base une erreur, et la seconde est d'une importance si minime, qu'elle ne saurait balancer, au yeux d'un cultivateur intelligent, le grand avantage qui résulte de n'avoir point à opérer la greffe sur les arbres qu'on plante. Non-seulement, dans ce dernier cas, l'arbre qui n'est pas exposé à une nouvelle crise doit pousser davantage, mais encore nous offrir au moins un an plus tôt une plus riche dépouille.

Il serait avantageux d'espacer suffisamment la pourette pour que de là chaque plant pût, sans passer par la pépinière, aller occuper dans nos mûreraies la place qu'on lui destine ; on y gagnerait et du temps et de la vigueur. Le semis, comme la pépinière, doit toujours être travaillé avec des outils non tranchans à cause du dégat que ceux-ci pourraient faire aux racines ; le louchet à branches ou le bigot (1), tels sont ceux dont on doit se servir pour les diverses œuvres qui leur sont nécessaires.

(1) On appele *bigot* dans toutes les Cévennes un outil à deux branches pointues, et dont on se sert avec beaucoup d'avantage partout où il y a des racines à protéger.

CHAPITRE V.

—

DE LA PÉPINIÈRE.

Si, comme nous l'avons conseillé, vous greffez votre pourette à son second printemps, vous ne pourrez la mettre en pépinière qu'au commencement de son troisième, c'est-à-dire alors que les plants auront deux ans révolus. Mais alors vous l'y mettrez belle, grande, forte, vigoureuse, capable, si vous lui continuez les soins que vous ne pourrez impunément interrompre, d'en sortir après trois ans au plus pour aller prendre dans vos terres la place que vous lui aurez assignée.

Le sol de la pépinière (1) ne doit guère offrir aux jeunes plants qu'on lui a confiés d'autres

(1) La forme qu'il convient de donner à une pépinière est celle d'un carré long, dont les plus grands côtés regardent le midi et le nord. Cette forme est celle qui permet le mieux aux jeunes plants de jouir du bienfait de l'air et des douces influences du soleil.

alimens que ceux qu'il pourra se procurer après sa transplantation à demeure. Sans l'application de ce principe trop souvent méprisé, il n'est pas de belle végétation possible. Le fumier doit donc être parcimonieusement distribué dans tout terrain au-dessus du médiocre et entièrement proscrit dans les sols généreux. J'en dis autant de l'arrosage; si les sujets qu'on y élève sont destinés à des places où ils ne doivent point être arrosés, vos arbres viendront un peu plus lentement sans doute, mais ils viendront avec les qualités qui leur sont indispensables, pour répondre à vos désirs, sur un sol peu favorisé.

Je n'ai pas dit qu'il fallait arracher la pourette avec soin et de manière à lui conserver, le plus possible, ses diverses racines; mais ai-je besoin de le dire? non, sans doute, pas plus que la manière dont il faut s'y prendre pour atteindre ce but. Votre pourette délicatement arrachée, vous en formez votre pépinière, en laissant entre chaque plant un espace de quatre pieds en tous sens, à moins que vous ne vouliez la planter en allée, alors vous pourriez en laisser deux dans l'un et six dans l'autre. Ce mode, trop peu suivi, offre de grands avantages, soit pour l'arrachis des arbres, soit pour *l'utilisation* du sol pendant les deux premières années de leur plantation. Si vous voulez planter, en quinconce, faites, avec le louchet, des trous bien alignés de dix-huit pouces de diamètre sur neuf de profondeur. Si c'est en allée, un fossé convient mieux. Je sais bien qu'on plante beaucoup plus économiquement, soit pour le terrain, soit pour le travail; mais je sais aussi qu'en agriculture il est des économies *ruineuses*. Plantez à trois pieds, vous économisez votre terre, mais comment arracherez-vous vos arbres? On les arrache bien. Non, mal, sans racines, et de là le dépérissement ou du moins la difficulté de la reprise d'un grand nombre de plants. Votre pourette ayant la hauteur voulue pour la tige des mûriers à plein vent, gardez-vous de la couper rez-terre, comme vous le conseillent encore des écrivains distingués et qui devraient, ce semble, connaître tout le préjudice que porte à la plante cette ridicule pratique. Vous ne le devez pas non plus alors que sa hauteur ne serait pas suffisante; ce que vous sacrifieriez est un à-compte qu'il serait imprudent de ne pas accepter. Avec quelque soin et un bon tuteur(1),

(1) On nomme ainsi en horticulture un bâton placé à côté d'une plante pour empêcher qu'elle ne se courbe, et la protéger contre les vents.

vous pouvez lui faire produire une tige tout
aussi droite que si elle n'était que d'une seule
pousse. Vous vous garderez bien aussi de couper ce que vos soins, dans l'arrachage, auront
pu conserver de la racine pivotante; Verri vous
le conseille, mais en vous donnant un conseil
tout contraire, l'abbé Rozier, le professeur
Bosc et M. Boitard, vous le donnent infiniment meilleur. Couchez cette racine, mais ne
la coupez pas; elle cessera d'être pivotante, mais
il vaut beaucoup mieux qu'elle ne soit qu'horizontale que de n'être pas du tout; et d'ailleurs
comme il est d'expérience qu'elle tend toujours à jouer le rôle pour lequel elle était destinée, il n'est pas rare de lui voir reprendre,
après avoir été couchée, la direction que lui
assignait la nature, d'enfoncer profondément
dans le sol et former avec le tronc une figure
assez semblable à une broche.

M. Boitard prétend qu'il est quelquefois utile
d'en opérer le retranchement, parce qu'il est
des terrains où elle pourrait pomper de mauvais sucs, et d'autres où elle ne peut en pomper que de peu nutritifs. Ces deux assertions
étant fort loin d'être prouvées, on fera bien de
ne pas trop s'en occuper et d'agir comme si
ce célèbre agronome n'avait jamais avancé ce

dont il ne saurait être certain. Quelques agriculteurs, soumis encore aux ridicules préceptes d'une aveugle routine, sont dans le
funeste usage de couper la tête aux plants de
leurs pépinières à la hauteur voulue pour la
tige, dans la triple vue de les faire plus promptement grossir, de les avoir plus droits et
plus proportionnés dans toute leur longueur.
Atteignent-ils le premier but qu'ils se proposent ? pas mieux qu'ils n'atteindraient celui de
remplir plus vite un réservoir quelconque en
laissant perdre une portion de l'eau qu'ils
pourraient y amener. Il est hors de tout doute
qu'en faisant ce qu'ils font, ils retardent le
grossissement de l'arbre bien loin de l'avancer (1). Atteignent-ils mieux les deux autres?
Oui ; mais on peut les atteindre d'une manière
moins coûteuse et presqu'aussi certaine en
suivant une route opposée. Ne coupez que
peu à peu les brindilles qui pousseront le long
de la tige de vos arbres ; n'en coupez plus

(1) A Sauve, où l'on cultive l'alizier pour en obtenir des fourches
à trois becs, on empêche de grossir ceux qui ont acquis la grosseur
requise en leur appliquant le principe qu'on applique au mûrier pour
le faire grossir, et l'on atteint toujours le but qu'on veut atteindre,
dès que l'un des trois becs à la tête coupée ou à peu près, car on
laisse toujours un petit rameau , sans quoi il se dessècherait ; la sève
l'abandonne presque entièrement pour se porter sur ceux qui n'ont
point été ététés.

                                        10

lorsque vous aurez atteint la hauteur que vous voulez leur donner lors de leur plantation à demeure, et vous aurez des plants droits et bien proportionnés. M. Verri pense qu'il est nécessaire d'étêter l'arbre à sa première année et aussitôt qu'il a fait sa hauteur, afin qu'il forme sa tête dans la pépinière même. C'est un mauvais usage, dit-il, de couper la tête des arbres pour les planter à demeure; mais s'il faut les couper, pour en assurer la reprise, le procédé de cet illustre agronome triple l'inconvénient bien loin de le détruire. Ce qui rend les arbres peu droits et inégalement gros, c'est le peu de soin, ou plutôt d'intelligence, qu'on met dans le retranchement des brindilles qui, comme je l'ai dit, doit être successif. Si vous ne les retranchez assez tôt, il grossit d'une manière inégale; si vous en retranchez un trop grand nombre à la fois, il perd son équilibre, sa tête penche, il croît courbé. Vous éviterez ces deux défauts en vous conformant à mes préceptes.

Je ne dis rien des cultures ou façons à donner à une pépinière, chacun sait que, de même qu'une pourette, elle doit être constamment purgée d'herbes parasites, et que de fréquens binages doivent en ouvrir le sol aux influences atmosphériques.

Dans une pépinière bien conduite, il se trouve, dès la fin de la seconde année, plusieurs plants susceptibles, par leur grosseur, d'aller prendre rang parmi les mûriers plantés à demeure; leur transplantation cette année même offre pour eux l'avantage d'une plus sûre reprise et d'un plus prompt revenu, et pour ceux qui restent, celui d'un plus grand espace à explorer, et par conséquent d'une plus riche végétation. Un an après ce premier arrachis, on peut en faire un second bien plus considérable; la plus grande partie auront atteint les dimensions requises, et ceux qui ne les auraient pas à la troisième année, pourront les acquérir dans le courant de la quatrième.

Ai-je besoin de dire qu'un terrain qui vient de nourrir une pépinière est peu propre à en nourrir immédiatement une autre, et que pour faire provision de nouveaux sucs nécessaires à une production de même genre, deux ou trois années de repos ou plutôt de culture différente lui sont indispensables? Je ne le pense.

CHAPITRE VI.

—

DE LA GREFFE.

La greffe est une opération que tout le monde connaît, que je m'abstiendrai par conséquent de décrire, et dont le but est de reproduire les variétés, que je ne dirai point dues au hasard, parce que le hasard qui n'est rien ne saurait rien produire, mais à l'inconcevable fécondité que le Seigneur a accordée à la nature, et en vertu de laquelle les graines d'un même arbre produisent une multitude d'individus semblables quant à l'espèce, mais différens par leurs qualités. Cette voie de reproduction est bien de nature à obtenir, dans l'esprit de l'homme, la préférence qu'elle y a obtenue; elle flatte son amour-propre en lui faisant jouer un rôle important dans la production de l'un des plus admirables phénomènes que présente à nos yeux le règne végétal. Que fallait-il de plus pour lui faire abandonner tout autre moyen d'arriver au même résultat? Mais comme il n'est rien dont il n'abuse, il abusa bientôt de la greffe. Séduit par l'apparence, il a voulu obtenir de grandes feuilles d'un sujet qui ne pouvait en nourrir que de petites, et non-seulement il a épuisé la mine qui devait successivement l'enrichir, en abrégeant de beaucoup la vie de l'arbre, mais encore il n'a obtenu de cette mine qu'une matière incomparablement moins précieuse et par conséquent peu propre à le conduire au but qu'il s'était proposé (1). Agriculteurs, n'oubliez pas que *le mieux est ennemi du bien*. Les illusions séduisent, mais n'enrichissent pas. Greffez, j'y consens; greffez, il le faut (2); mais ne

(1) La grande feuille est infiniment moins bonne que la petite; elle est moins soyeuse et de plus difficile digestion pour les vers à soie; aussi ceux qui n'en mangent pas d'autre ne réussissent jamais, quelque soin qu'on en ait d'ailleurs, que d'une manière très-médiocre. Ne donnons-nous pas une bien grande preuve de notre intelligence en forçant le mûrier qui devait donner de bonne feuille à en produire de mauvaise?.. Il en produit davantage; oui, un tiers en sus environ; mais ce surcroît balance-t-il les inconvéniens de tout genre qu'il amène a suite? Non.

(2) J'ai déjà dit que la greffe nuisait à la longévité de l'arbre, et que la feuille du sauvageon était incontestablement la meilleure. Je dois ajouter que la question de la greffe a divisé les plus habiles agronomes, Duvaure, Bosc, etc., se sont déclarés contre Boitard, Rozier, Verri, Bonafous, etc., qui en prêchent la nécessité. Je me range à l'avis de ces derniers, à condition qu'on ne greffera que de petite espèce.

greffez jamais sur un sujet quelconque que des espèces analogues à sa nature; ne greffez jamais que de feuille fine; c'est la seule qui puisse convenir à la prospérité de l'insecte pour lequel vous voulez l'obtenir. Que les divers modes de greffage, inventés par l'esprit humain, puissent réussir sur le mûrier, c'est ce qui nous paraît incontestable; nous ne parlerons toutefois que des deux qui lui conviennent le mieux et qui sont à peu près les seuls usités pour cet arbre. La greffe en flûte et celle en écusson.

La première, la plus généralement adoptée, consiste à prendre, d'une pousse ou scion d'un an, coupé au moment où le bourgeon commence à se gonfler, sur l'arbre dont on veut multiplier l'espèce et conservé dans du sable bien sec jusqu'à celui où l'on n'a plus à craindre l'effet des gelées (1), un petit tuyau ayant un œil ou bourgeon qu'on détache en le faisant tourner dans les doigts, et qu'on place sur une pousse de même grosseur, dépouillée de son écorce, de manière qu'il s'a-

(1) Il y a plusieurs manières de conserver l'espèce que l'on droit couper avant que les bourgeons soient gonflés; les uns la tiennent sans autre précaution dans des caves ou des grottes bien fraîches; les antres l'enterrent à des expositions au nord, la meilleure est celle que nous prescrivons : du sable bien sec dans lequel on l'enterre.

dapte bien au bois et que la sève que lui trans-
mettront les racines de son nouvel hôte puisse
exercer son influence sur le bourgeon dont il
est pourvu. Quelques personnes ne détachent
le petit tuyau qu'au fur et à mesure que la
place qui doit le recevoir est préparée. D'autres, au contraire, en portent un grand nombre
de divers calibres dans un vase quelconque,
recouverts d'un linge mouillé afin d'en prévenir
la trop prompte dessication. Ce procédé, qui
hâte l'opération sans lui nuire, ne doit pas
être négligé, non plus que la précaution quelquefois inutile, mais jamais nuisible, de racler
un peu le bois qui domine le tuyau, afin
d'arrêter l'épanchement de la sève et de le
soustraire aux influences de l'air. Un beau
jour peut-être considéré comme un puissant
élément de réussite; la pluie et le vent, dont
les effets lui sont éminemment contraires,
doivent être soigneusement évités; les plus
minutieuses précautions ne sauraient neutraliser leur désastreuse influence.

La greffe en écusson, qu'on n'emploie guère
que pour des sujets trop forts pour recevoir la
greffe à flûte, s'opère en plaçant avec dexté-
rité une portion de jeune écorce, munie d'un
bon œil sur le bois du sujet à greffer, après

l'avoir mis à nu au moyen d'une incision dont la figure est généralement celle d'un T. Recouvrir la greffe avec l'écorce du sujet greffé, ramenée à la place qu'elle occupait avant cette opération, et la fixer avec une ligature quelconque, de manière qu'elle soit à l'abri des influences atmosphériques et que son bourgeon y soit seul exposé, sont des précautions indispensables à la réussite et qu'on ne négligerait pas impunément.

Quelques agriculteurs préfèrent la greffe de la seconde sève à celle de la première; je suis loin d'être de leur avis, et l'expérience m'a souvent démontré combien j'avais raison d'être d'un avis contraire. D'abord la pousse n'ayant pas le temps de *saoûter*; les gelées automnales en font périr une grande partie; ensuite c'est forcer un jeune arbre à rester long-temps sans feuilles, c'est-à-dire sans organes respiratoires au moment où la sève arrivant avec affluence, il en aurait le plus grand besoin. Eh! qui n'a pas vu de jeunes mûriers sur qui la greffe de la *madeleine* n'avait pas réussi, mener pendant plusieurs années une vie languissante quand ils échappaient à la mort qu'entraîne si souvent une telle secousse? D'ailleurs, quels avantages présente cette greffe pour balancer les inconvéniens qu'elle traîne à sa suite? Que risque-t-on de greffer au printemps? Si l'on réussit, c'est bien; sinon, l'on a la ressource de la madeleine. Mais je ne conseille à personne de profiter dans aucun cas de cette funeste ressource; attendre à l'an d'après est le conseil que donne la prudence.

Quiconque n'a pas eu la précaution de greffer sa pourette, ne doit greffer que deux ans après la transplantation à demeure; greffer la première année, c'est faire éprouver à l'arbre une violente crise avant d'être entièrement remis de celle que sa transplantation lui avait occasionnée, et ce n'est jamais sans dommage qu'il éprouve successivement de si violentes secousses. Par la même raison, par pitié pour votre arbre ou plutôt pour votre intérêt, vous devez bien vous garder de le dépouiller de ses premières pousses, car alors autant vaudrait les greffer. Mais comment le greffer la seconde année, si l'on ne coupe celles de la première? Peut-on greffer sur le vieux bois? Oui, en écusson et c'est là ce que je vous conseille.

Il existe des greffoirs de plusieurs formes. M. *Madiot* en a, dit-il, inventé un avec lequel trois personnes peuvent greffer de 1900 à 2000

11

mûriers par jour. Je n'ai jamais vu ce merveilleux instrument; mais s'il mérite la réputation
qu'on a voulu lui faire, il peut nous fournir
le moyen d'attendre sans trop d'impatience
qu'on invente quelque chose de mieux. Je ne dis
rien des précautions qui tendent à garantir les
greffes de la voracité de certains animaux sous
la dent desquels elles pourraient périr. Décrire
ces moyens protecteurs, comme l'ont fait la
plupart de ceux qui ont traité avant moi le
sujet que je traite, ne me semble pas seulement une prolixité inutile, c'est encore, à mon
avis, une insulte au bon sens des lecteurs.

Cette opération terminée, il reste à en sur-
veiller le succès. Les bourgeons du sujet doivent naturellement pousser un peu plus tôt
que celui qu'on veut leur substituer; quelques
cultivateurs pour forcer la sève à prendre la
direction du bourgeon franc, abattent tous les
autres dès qu'ils se développent; une pareille
mesure est nuisible, bien loin d'être protec-
trice. Craint-on que les racines qui, quelques
jours auparavant, nourrissaient une tête considérable, ne puissent pas nourrir, sans nuire
à la greffe, quelques brins de sauvageons?
Sachez qu'il est d'expérience que la suppression de ces brins peut arrêter l'ascension de

la sève et causer la mort de la pousse qu'on prétend faire mieux végéter. Il faut, si la greffe est faible, languissante, couper avec l'ongle l'extrémité des sauvageons, mais ne les abattre que quand elle aura acquis un assez grand degré de force, alors leur suppression est indispensable.

CHAPITRE VII.

—

DE LA PLANTATION DES MURIERS A DEMEURE ET DE LEUR CULTURE PENDANT LE TROISIÈME AGE.

Le mûrier n'étant cultivé que pour sa feuille, on ne doit pas seulement exiger du sol auquel on le confie qu'il puisse lui fournir les moyens de se développer, mais encore qu'il communique à son feuillage les qualités nécessaires à la réussite de l'insecte fileur. Sans doute le suc muco-résineux, principe de la soie, est inhérent à la feuille de ce précieux végétal; mais il y existe, dans des proportions si différentes, selon les lieux où il croît, que nous croyons indiquer ici ceux où sa culture est la plus avantageuse et ceux où il pourrait être infructueusement cultivé. Ces deux jalons doivent suffire pour diriger tout agriculteur intelligent.

Le mûrier prospère bien et produit un excellent feuillage sur le penchant des collines
exposées au levant ou au midi, surtout si le
terrain en est substantiel, légèrement humide
et assez perméable. Si les deux premières de
ces conditions ne se trouvent pas remplies, il
y végète avec moins de vigueur; mais alors son
produit est d'une qualité supérieure. Il redoute
les terrains gypseux, et prospère moins encore
dans ceux où l'argile domine; ces derniers
trop compactes ne laissent pas un assez facile
passage à ses racines quand ils ne sont pas
arrosés, et quand ils le sont, les pourrissent
par la faculté qu'ils possèdent de retenir long-
temps l'eau qu'ils ont reçue. Le même danger
doit nous porter à éloigner cet arbre des endroits marécageux, où il ne produirait d'ailleurs qu'une feuille fort indigeste et peu
soyeuse. J'en dis autant de ceux qui, plantés
trop près des côtes de la mer, en recevraient
les émanations salines. Entre ces extrêmes se
trouve une foule de terrains plus ou moins
avantageux à sa culture, selon qu'ils s'éloignent ou se rapprochent de ceux que nous
venons de signaler.

Un sol riche, gras et aqueux, un sol perméable où les racines puissent facilement s'é-

tendre, une plaine abritée contre les vents du
nord par de hautes montagnes, tel est l'Éden
du précieux végétal dont nous voudrions en-
courager la culture. Là l'œil se repose avec
délice sur une végétation de luxe. Mais tenez-
vous en garde contre une trop naturelle illusion. Là la *bonté* de la feuille est loin de répondre à la beauté de l'arbre qui s'en revêt avec
tant de magnificence. Les terres calcaires et
sablonneuses sont toujours celles où le mûrier
produit le feuillage le plus propre à répondre
à sa destination, telles doivent donc être celles
où nous devons le placer de préférence.

Le mûrier à plein vent se plante en cordon,
comme bordure; en allée, comme avenue; ou
bien en mûreraie. Sa tige ne doit jamais avoir
que la hauteur nécessaire pour que sa tête
puisse être à l'abri du gros bétail et son pied
cultivé sans peine au moyen de la charrue;
pour cela cinq pieds doivent suffire. Ces diverses façons de planter ont chacune des règles
particulières pour l'espace à donner aux plants;
pour tout le reste, les principes à suivre dans
leur plantation sont exactement les mêmes.
Ainsi il est important pour toutes qu'elles se
fassent plutôt en novembre qu'en mars, dans
des trous d'une toise en tout sens, et de deux

pieds au moins de profondeur, creusés depuis cinq ou six mois, afin que le fond, de même que la terre qu'on en a extraite aient été fécondés par les influences atmosphériques. Pour toutes, on doit apporter la plus grande attention à mettre au fond des trous et autour des diverses racines, soigneusement placées dans leur direction naturelle, une bonne couche de terre végétale. Pour toutes, on doit retrancher tout ce qu'il y a d'offensé dans les racines et laisser au pivot la plus grande longueur possible, si le terrain peut permettre de vaincre l'inconvénient qui en résulte, en lui faisant sa place au moyen d'une grosse cheville. Pour toutes, on doit faire attention à ne pas mettre le fumier immédiatement au-dessus des racines, parce qu'il pourrait les dessécher et les pourrir. Pour toutes, on devrait suivre le précepte de nos vieux agronomes, c'est-à-dire remplir le trou de broussailles, de genêt, de thym, de lavande, etc. Cette précaution, qui a l'avantage d'améliorer le sol, joint à celui de l'ameublir, produirait partout les heureux effets qu'elle produit dans les Cévennes et dans les cantons d'Italie où elle est adoptée.

Voilà ce qu'ont de commun ces trois sortes de plantations; voyons ce qu'elles ont de dif-

férent quant à l'espace par lequel les plants
doivent être séparés. On concevra sans peine
que la qualité de terrain doit apporter à cet
espace de grandes modifications. S'il est substantiel et humide, il sera plus favorable à la
végétation que s'il était maigre et aride; dans
ce cas, il faut laisser, entre deux individus destinés à devenir plus grands, un plus grand intervalle : quatre toises sont indispensables
dans le premier de ces sols pour une plantation en mûreraie, tandis que trois dans le second sont plus que suffisantes (1).

Si vous plantez en bordure, la distance à
observer peut être de beaucoup moindre,
parce que si, d'un côté, les branches et les
racines n'ont qu'un petit espace à leur dispo-
sition, de l'autre, ils en ont un infiniment plus
considérable que dans une mûreraie. Pour la
plantation en avenue, qui tient le milieu entre
les deux autres, on doit avoir égard à la dépense de sucs nécessaires à une double ligne

---

(1) Les propositions que je donne ici sont celles qu'ont données
les plus habiles agronomes, et toutefois ce n'est pas sans scrupule
que je me suis déterminé à répéter un précepte qui ne semble avoir
pour tout fondement qu'une grossière erreur. En effet, plus le sol
est maigre et moins il faudrait d'agent pour l'explorer, ce serait le
moyen de les faire grandir davantage et vivre plus long-temps. —
N'est il pas évident que moins une table est garnie moins les com-
mençaux doivent être nombreux ?

et combiner la distance qui doit les séparer avec celle des individus qui les composent; l'une doit toujours être en raison inverse de l'autre.

Défoncez à trois pieds environ le terrain sur lequel vous voulez faire une plantation de mûriers, à moins qu'il ne soit, par sa nature, léger et perméable; dans ce cas, une pareille opération, dont l'unique but est de faciliter le percement des racines, est entièrement inutile. Une précaution qu'on n'observe guère, qui paraîtra peut-être ridicule à certains propriétaires, plus frondeurs que réfléchis, et qui peut avoir la plus grande influence sur le succès de nos plantations, est celle qui a pour objet de conserver à l'arbre la même situation polaire sous laquelle il a végété; précaution qu'on remplit sans peine en marquant, avant de l'arracher de la pépinière, celui de ses côtés qui correspond au nord. Rien de plus facile, lors de sa transplantation, que de tourner le côté marqué vers le point dont il porte la marque. Hé qui pourrait douter que le brusque changement de position, le passage subit d'une exposition favorable à une exposition contraire, la rupture totale d'une habitude contractée, et, qui plus est, l'obligation d'en

12

contracter une autre entièrement opposée, ne puisse nuire à l'individu qui y est forcément soumis? Et comment éviterez-vous cet inconvénient, cette cause de non-réussite, insoucians agriculteurs, qui vous reposez sur d'avides pépiniéristes du soin de faire croître les plants dont vous devez peupler vos terres? Comment saurez-vous, en achetant vos arbres au marché, quel est celui de leurs côtés qui peut sans péril envisager le glacial aquilon? Comment le distinguerez-vous au simple aspect de celui qui ne saurait abandonner impunément le doux regard du midi? Et ce n'est pas le seul danger auquel vous vous exposez en négligeant de faire vous-mêmes vos pourettes. Les pépiniéristes plantent trop épais dans des sols qu'ils fument beaucoup et arrosent de même; et que de causes de non-réussite! Comment conserver de longues racines à des plants séparés tout au plus par trois pieds de distance? Comment attendre une belle venue, dans des terres arides et peu profondes, de sujets élevés dans des sols riches et qu'enrichissaient encore de puissans excitatifs et de fréquens arrosages? Ah! souvenez-vous que votre intérêt vous prescrit ce que je vous conseille; élevez vous-mêmes dans vos terres les mûriers que vous voudrez y planter : alors vous n'aurez pas la douleur d'y voir tant de sujets chétifs, rabougris, languissans, surtout si vous avez l'attention de les cultiver comme ils le méritent et comme leur prospérite l'exige.

Quelques auteurs ont prescrit de revêtir de paille, de jongs, de genêts, etc., la tige des jeunes plants. A-t-on voulu les garantir de la rigueur du froid ou de l'ardeur du soleil? Si l'on a soin de les placer dans la situation polaire qu'ils avaient habituée, cette précaution est inutile quel que soit celui de ces motifs qui l'ait dictée. On pourrait même, dans tous les cas, la regarder comme funeste, attendu qu'elle prive la plante du contact de la lumière et de celui de l'air, indispensables l'un et l'autre à sa prospérité. Si vous avez à les défendre contre la dent des animaux, garnissez-les d'un panier large et largement tressé, pour qu'ils n'aient point à souffrir de l'inconvénient que je signale.

Le mûrier est un arbre exigeant, mais qui n'est jamais ingrat; travaillez-le et il ne tardera pas à vous récompenser de vos peines. Durant son troisième âge (1), c'est-à-dire depuis l'an-

(1) On est convenu de diviser en cinq âges la vie du mûrier. Le premier comprend la période qui s'écoule depuis sa naissance jusqu'à

née de sa transplantation jusqu'à celle où il peut être effeuillé, et qui ne doit être que la cinquième; à partir de cette époque, le mûrier doit recevoir annuellement quatre cultures : une bonne *œuvre*, une *façon* profonde et trois binages. Plus le terrain est aride et plus les cultures doivent être fréquentes; la terre, purgée d'herbes, remuée, émiettée, conserve beaucoup mieux sa fraîcheur et est mieux disposée à recevoir celle de l'atmosphère. Or, chacun sait combien l'humidité est favorable à la végétation des plantes. N'oubliez donc pas d'appliquer à vos mûriers l'*arare* de *Caton*, ô vous qui ne manquez ni de bœufs, ni de charrues, et ne bornez point à quatre les labours que vous leur destinez. Souvenez-vous qu'un témoin bien digne de foi, M. l'abbé de Sauvages, assure avoir vu dans l'Angoumois des cultivateurs suppléer avantageusement au fumier et aux irrigations nécessaires au maïs par de fréquens binages; que l'herbe ne croisse donc jamais à l'ombre de vos arbres, que l'appât d'un gain illusoire ne vous porte ja-

sa transplantation en pépinière ; le second , celle du séjour qu'il y fait ; le troisième, les cinq premières années qui suivent sa transplantation à demeure; le quatrième, le temps qui sépare cette cinquième année de celle où il commence à dépérir ; et le dernier, celui qui existe entre ce premier signe de déclin et sa mort absolue.

mais à en ensemencer le dessous ; travaillez-les
souvent, soignez-les avec zèle, et quoique vous
n'en soyez pas immédiatement récompensés,
ne vous découragez point. Si nous vous de-
mandons pour eux un terme de six ans, c'est
parce que nous désirons qu'ils puissent vous
récompenser d'une manière plus généreuse et
pendant plus long-temps. Dans leur quatrième
âge, c'est-à-dire dans leur période d'accroissement et de station, les mûriers qui recevraient avec avantage la même culture que
nécessite leur troisième, peuvent se contenter
d'un peu moins ; toutefois, je vous le dis encore, n'oubliez pas que, reconnaissant et loyal
par nature, il vous paiera généreusement tout
ce que vous ferez pour lui.

CHAPITRE VIII.

—

PLANTATION DE MURIERS NAINS EN HAIE ET EN QUINCONCE.

Les mûriers trop chétifs, trop rabougris, trop minces pour être avantageusement plantés comme arbres à plein vent, peuvent l'être comme nains avec grand avantage. Sans doute ils réussissent moins bien que ne le feraient des sujets de plus belle venue; mais ils réussissent et c'en est assez pour qu'on n'en néglige pas la culture, je dirai même pour qu'on ne la restreigne plus à des plants si peu favorables, si peu propres à faire ressortir toute l'utilité de ce genre de plantation.

Les nains n'ont pas eu l'avantage d'être loués par tout le monde; mais quel est l'être sous le ciel qui n'ait pas eu ses détracteurs? M. Bosc, qui n'est pas de leurs amis, dit que, n'étant

pas nains par nature, le mûrier qu'on élève
ainsi doit nécessairement produire un feuillage grossier et pauvre en élémens soyeux,
par la raison qu'il est plus exposé aux émanations humides de la terre, et que la sève qui
le produit, n'ayant qu'un court espace à parcourir, doit être plus mal élaborée ; il ajoute
que, plantés à une moindre distance, les mûriers nains périssent beaucoup plus tôt que ceux
de haute tige. Ces reproches que leur adresse
également un habile agriculteur d'Alais, leur
sont dus en partie ; mais doivent-ils nous y
faire renoncer ? Je ne le pense pas. Sans doute
taillés comme on les taille trop généralement, et comme le prescrit l'illustre professeur dont nous avons rapporté l'opinion, ils
ne produisent et ne peuvent produire qu'une
feuille grossière, juteuse, de difficile digestion
et fort peu convenable au faible estomac de
l'insecte auquel on la destine ; mais est-on
obligé de les tailler en *tétard* comme le prescrit M. Bosc ? Je ne le pense pas. J'en ai une
assez grande quantité qui me produisent de
très-bonne feuille et en grande abondance,
parce que j'ai osé m'affranchir du joug de la
routine, et que je n'en retranche que ce qui
ne peut rien produire et ce qui mettrait obs-

tacle à la cueillette de leur produit. Sont-ils moins exposés que ceux de mes voisins aux émanations humides de la terre? leur sève s'élabore-t-elle mieux? C'est possible; leur tige est peu haute, mais leurs branches sont fort multipliées et je ne permets pas qu'on les ravale alors même qu'elles dépassent la modeste mesure de six pieds qu'assignent à celles de ces arbres la plupart des auteurs. Ils meurent plus tôt, c'est naturel; ils ont plus tôt épuisé la richesse du sol qui devait les faire vivre; mais qu'importe, s'ils vous ont donné avant leur mort tout ce que vous pouviez raisonnablement attendre de la place qu'ils occupaient? Qu'il soit avantageux de réaliser en trente ans tout ce qu'un champ est susceptible de produire en soixante, c'est ce que le plus mince bon sens suffit pour décider; dans ce cas, on ne jouit pas seulement de tout le capital trente ans plus tôt qu'on ne l'eût fait, on jouit encore du champ qui l'a produit et qui peut, durant cette période, en produire encore un autre plus ou moins considérable. Ne craignez donc pas de planter des mûriers nains, à moins que vous ne craignez d'augmenter trop rapidement le patrimoine de vos pères. Ces mûriers joignent à l'avantage de donner une plus grande quantité de feuille

que les autres, eu égard à l'étendue qu'ils occupent, celui de la donner tout aussi bonne
et quelques jours plus tôt, ce qui peut favoriser
beaucoup la réussite des vers à soie, surtout
dans les pays où les touffes de juin sont par-
fois si terribles. Au lieu donc de borner votre
héritage et de clore vos champs avec des buis-
sons, qui en dévorent la substance à pure
perte, closez-les avec des mûriers nains qui
vous défendront tout aussi bien, et vous donneront de plus un produit assuré.

Les champs plantés en nains ne peuvent
être cultivés qu'à bras, et cette culture est
coûteuse ; mais la dépense qu'on fait en plus
pour le travail du pied est compensée, dit
M. *Payen* dans une lettre que M. *Faujas de
Saint-Fonds* rapporte dans son Histoire du Dauphiné, par l'économie qui résulte de la facilité
avec laquelle on peut en dépouiller la tête.
Les terres les plus arides, dit dans cette lettre
cet excellent agriculteur, produisent, par la
culture des mûriers nains, ce que peuvent
produire des prairies arrosables.

L'espace nécessaire aux nains que l'on plante
en quinconce varie depuis six à neuf pieds.
Ceux qu'on met en haie n'ont pas besoin d'être
si espacés ; la fertilité du sol est, à cet égard,

13

le meilleur guide à suivre. Les soins à donner
à leur plantation sont exactement les mêmes
que ceux que nous avons 'prescrits pour les
mûriers de haute tige, seulement je crois qu'au
lieu de trous, il convient, pour des nains, d'ouvrir une tranchée. Quant à la taille, à la greffe,
aux cultures des mûreraies de ce genre, n'oubliez pas que les nains ne diffèrent des autres
mûriers que par la taille, et que si, comme
eux, ils sont reconnaissans, leur gratitude ne
s'exerce jamais qu'envers ceux qui les soi-
gnent.

CHAPITRE IX.

—

DE LA FEUILLE ET DE SA CUEILLETTE
OU DE L'ÉBOURGEONNEMENT.

Ne vous attendez pas, cher lecteur, à trouver dans ce chapitre des procédés nouveaux et qui puissent vous épargner la peine inhérente à l'opération qui en fait le sujet; mais si, à cet égard, je n'ai rien à vous dire de neuf, je saurai du moins rester dans le silence. Je n'insulterai point à votre bon sens, comme l'ont fait quelques agronomes, en vous disant qu'il est plus avantageux à l'arbre de le dépouiller de ses feuilles en commençant par le fond de la pousse et tirant vers sa cime, que de commencer à sa cime et de tirer vers son fond; qu'en vous y prenant de cette dernière façon, vous écorceriez les jets, ce que vous devez avoir soin de ne pas faire pour ne pas nuire à la récolte suivante ; qu'il faut une échelle brouette pour cueillir la feuille des jeunes mûriers, afin de ne pas leur donner une secousse qu'ils ne sauraient supporter sans dommage, et mille nouveautés du même genre, incapables de payer en instruction la millième partie du temps qu'il faut perdre pour en faire lecture. Qui peut ignorer que toutes les déchirures que l'on fait à un mûrier en altèrent la vigueur, nuisent à sa postérité et appauvrissent la récolte suivante de tous les bourgeons enlevés? Qui ne sait que l'échelle brouette, dont on a tant prôné l'usage, n'est, en définitive, pour tout ce qui a rapport à l'ébourgeonnement, qu'une échelle double, connue dans plusieurs contrées sous le nom de *chèvre*, et qui, par l'élargissement de sa base, peut se passer de point d'appui pour son sommet, et permettre ainsi de cueillir les feuilles d'un mûrier sans en fatiguer la tige? Si je n'avais eu que cela à dire, je n'aurais certainement pas fait un chapitre de l'ébourgeonnement ; mais j'ai à vous parler de choses plus essentielles et moins connues. Les feuilles sont aux arbres ce que les poumons sont aux animaux, leurs organes respiratoires ; les en dépouiller, c'est donc les soumettre à une opération fort cruelle et extrêmement dangereuse (1), qui doit, par cela même, avoir toujours des conséquences plus ou moins funestes. Le mûrier la supporte plusieurs années de suite ; mais de ce qu'il n'en périt pas immédiatement, il n'en faut pas conclure qu'il n'en éprouve aucun dommage, et qu'il est constitué de telle sorte que son premier feuillage est pour lui une parure incommode, dont il demande à être annuellement dépouillé. Non ; aussi est-il certain que la plupart de ses maladies proviennent de cette opération à laquelle notre intérêt l'a condamné. Les meilleurs agronomes, dans la vue d'adoucir son triste sort et de prolonger son existence, conseillent de ne le cueillir que tous les deux ans. Notre avarice nous fait fermer l'oreille à ce prudent conseil ; mais si nous ne sommes point assez sages, je devrais peut-être dire assez riches, pour nous y conformer, soyons du moins assez prudens pour ne pas imiter ces cultivateurs qui, croyant rendre service à leurs mûriers, les dé-

(1) Le mûrier est le seul végétal qui puisse résister longuement à la cueillette annuelle de sa feuille : un chêne quelque vigoureux qu'il fût succomberait avant cinq ans à cette opération. Admirons la bonté de Dieu ! et bénissons-le sans cesse de ce que tout dans la nature se rapporte à notre bonheur, et cependant nous ne sommes que des pécheurs.

pouillent de leurs feuilles alors qu'ils n'ont pu ni les faire manger à leur chambrée, ni les vendre pour celle des autres, de crainte qu'elles ne nuisent à leur prospérité. Quelle ignorance! et ce ne sont pas seulement quelques misérables fermiers qui obéissent à cette funeste erreur, elle domine encore bien de grands propriétaires. Gardez-vous aussi de faire la guerre à vos *cueilleurs*, parce qu'ils n'ont pas arraché de vos arbres jusqu'à leurs moindres feuilles; de cette prétendue perte, doit résulter un profit réel : plus on aura laissé de ces feuilles éparses, qu'on nomme en quelques endroits *papillons*, moins on aura fait éprouver du mal à l'arbre, mieux il respirera, plus tôt il sera revêtu de sa nouvelle robe, plus il poussera de bois et plus il rendra de feuille à la récolte suivante.

Ce serait ici le lieu de faire connaître combien est important le rôle que le Créateur a assigné aux feuilles ; ce serait ici le moment de parler de la faculté qu'elles possèdent de pomper dans l'atmosphère les principes essentiels à la prospérité de la plante; c'est ici qu'il faudrait décrire cet admirable échange de sucs qui a constamment lieu entre elles et les racines, ces poils, vraies radicelles aériennes, dont elles sont couvertes; cette multitude de pores qui les criblent; cet admirable mécanisme au moyen duquel elles peuvent, au contact de la lumière, fixer le carbone de l'air qu'elles ont absorbé et se débarrasser de l'oxigène qui leur serait inutile. Mais pourquoi parlerai-je de tout cela? Est-ce à des savans que je m'adresse? Non, c'est à des cultivateurs, et mon livre, pour être plus profond, ne leur serait pas plus utile. On peut parfaitement cultiver les mûriers sans en connaître la structure, et montrer le moyen d'en obtenir le plus grand revenu possible est l'unique but que je me suis proposé.

Laisser sur tout le pourtour du mûrier quelques rameaux sans les dépouiller, est une précaution qui peut avoir les plus heureux résultats; l'action de leurs feuilles entretient la circulation du fluide séveux, prévient la suffocation de l'arbre, empêche l'engorgement de la sève, qui résulte si souvent de la cueillette, et par là le met à l'abri des maladies dont ces tristes effets deviennent eux-mêmes causes et qui font de si grands ravages dans nos plus belles plantations. Ces pousses, non dépouillées d'abord, pourraient l'être aussitôt que les nouvelles feuilles, dont elles con-

tribueraient à hâter le développement, ren-
draient leur secours moins nécessaire; en sorte
que leur feuillage, que je crois devoir être
d'un vingtième, pouvant être utilisé jusqu'a-
près la troisième mue des vers à soie (1), la
perte serait bien peu considérable l'année où
l'on se déciderait à faire cet utile sacrifice,
et les suivantes, elle serait moins que nulle,
puisqu'il est certain que l'existence de ces
petits rameaux forcerait l'arbre à se couvrir
beaucoup plus tôt qu'il ne l'eût fait de ses
nouvelles feuilles; que ses pousses seraient
plus longues et par conséquent sa dépouille
plus riche. L'abandon que je prescris, pour
un mûrier de deux quintaux, serait donc plutôt un bénéfice de vingt livres qu'une perte
de dix.

La cueillette pendant la pluie nuit beaucoup aux mûriers, et cependant il faut qu'elle
s'opère quand le besoin l'exige. La santé de
vos arbres, non moins que celle de vos vers à

(1) Il est d'expérience qu'un arbre que l'on ne taille que comme
je le prescris et auquel on laisse quelques feuilles ou mieux encore
quelques rameaux distribués sur tout son pourtour, est recouvert
de nouvelles feuilles plus de quinze jours avant celui qu'on taille
selon la méthode des basses Cévennes. Dans douze ou quinze jours
au plus on pourrait couper ces rameaux auxiliaires.

soie, vous prescrit donc et je vous conseille (1)
d'avoir de vastes magasins pour y faire, pendant le beau temps, une ample provision de
feuille, indispensable durant la pluie. Quelques personnes, dans cette fâcheuse conjonc-
ture, secouent leurs mûriers pour en sécher
le feuillage : c'est leur faire un très-grand mal,
qui devient moindre si l'on se borne à en agiter les branches au moyen d'un crochet. J'ai
déjà dit que les jeunes mûriers ne peuvent
point être effeuillés sans inconvénient avant
leur sixième année, à partir de leur plantation
à demeure, et, je le répète ici, tellement je regarde cette précaution nécessaire. Souvenez-
vous donc que votre cupidité vous donne un
conseil bien funeste, lorsqu'elle vous engage
à ne pas sacrifier le produit de vos jeunes
plants, que le suivre c'est compromettre vos
intérêts en compromettant l'avenir de vos
arbres (2).

(1) Voyez *Guide du Magnanier*, chap. *des magnagnières et des ramiers.*

(2) Les mûriers que l'on voit sur divers points de notre patrie et qu'on appelle *de la prime* ou *de l'ordonnance*, ne doivent pas seule-ment leur longue existence à la qualité de leur feuillage ; l'oubli dans lequel ils sont restés durant leurs premières années doit y avoir puissamment contribué. M. Olivier de Serres en planta à Villeneuve-de-Berg, sa patrie, en 1600, et plusieurs d'entre eux vivent en-core, parce qu'on resta plus de 20 ans sans en cueillir la feuille.

14

CHAPITRE X.

—

TAILLE, ÉLAGAGE, ÉMONDAGE DES MURIERS.

Me voici parvenu à la partie tout à la fois la plus importante et la plus pénible de ma tâche; tout ce que j'ai dit jusqu'ici se rapproche plus ou moins de la routine que suivent mes compatriotes; ce que j'ai à dire est tellement contraire, qu'ils doivent naturellement en être révoltés. Que l'*utile dulci* doive se rencontrer même en agriculture, je suis loin de le contester; mais, qu'infidèle aux préceptes d'Horace, l'agriculteur immole l'*utile* à l'*agréable*, c'est ce que la raison ne saurait approuver, et c'est là néanmoins ce qu'ils font dans mon pays à l'égard du riche végétal dont l'utilité est le plus incontestable, non, sans doute, de propos arrêté et dans le but de diminuer leurs revenus, je ne leur refuse ni le

bon sens ni l'amour des riches, mais par pure
ignorance. J'aime bien, moi, qu'un mûrier ait
une belle apparence, une forme agréable,
mais j'aime que cette forme ne soit pas trop
chèrement achetée, que cette apparence ne
soit point trompeuse, j'aime qu'il produise
tout ce qu'il est susceptible de produire et
qu'il le produise long-temps.

Est-ce à l'homme à déterminer la forme qui
convient le mieux à un végétal? Non, c'est à
la nature. Moins nous nous écartons, dans la
culture d'un arbre, des règles qu'elle prescrit,
et plus nous nous approchons de l'état que sa
prospérité réclame. Voulez-vous donc savoir
quelle est celle qui contrarie le moins vos
mûriers? faites-en venir un, en toute liberté,
dans un terrain favorable et dont les sucs ne
lui soient pas disputés par des individus de
même espèce; faites-le venir de graine, car la
transplantation n'étant pas naturelle, en con-
trarierait plus ou moins le développement, et
vous le verrez croître avec vigueur; vous verrez sa branche mère prendre une direction
verticale, et ses autres former, avec elle, des
angles d'abord assez aigus, mais qui le devien-
dront toujours moins à mesure qu'il s'appro-
chera de sa virilité. D'où peut donc être venue

la coutume de les tailler en calice?... Est-elle autorisée par la nature? J'en appelle à vos yeux : contemplez-en le type. Provient-elle de la nécessité d'en cueillir aisément le feuillage? J'en appelle au même tribunal. N'est-il pas plus aisé d'opérer cette cueillette sur un arbre qui, respecté par la main de l'homme, se charge lui-même de fournir l'échelle et les points d'appuis nécessaires aux *cueilleurs*, que sur celui qui, mutilé par la serpe, a été contraint de prendre une direction contraire à sa nature, et dont le bois, criblé de cicatrices, est infiniment cassant, quand il n'est pas pourri? Sans doute c'est bien pour mettre l'arbre à sa portée que l'homme le mutile ainsi; mais cette nécessité admise, ne pourrait-on pas se conduire avec plus de raison?... Si vous n'arrêtez pas votre arbre, il s'étendra outre mesure. Soit, je veux qu'il s'étende, j'aurai des saules qui s'étendront encore davantage, et, avec eux, des échelles qui me fourniront le moyen de m'approprier le produit de ses plus grandes extrémités latérales; quant à celui de son sommet, l'arbre même, toujours flexible quand il n'est pas mutilé, se chargera de me fournir celle dont j'aurai besoin pour le cueillir.

Mais qui pourra pénétrer dans vos arbres

si vous ne les taillez jamais? Entre ne les tailler jamais et les tailler comme on le fait dans
les basses Cévennes, il y a un vaste milieu dans
lequel mon expérience m'a placé. La raison
me disait que je devais rendre mes mûriers
cueillables, mais elle me disait aussi que je
devais combiner cette nécessité avec les conditions sous lesquelles ils prospèrent; et cette
combinaison m'a conduit à l'émondage, que
je propose de substituer à la taille si meurtrière, que l'illusion a fait admettre et qu'elle
seule peut protéger (1).

Pour les nombreux pays où cette funeste
pratique n'a pas encore pénétré, je n'ai pas
besoin de dire en quoi elle consiste et ils n'ont
nul besoin de le savoir, et pour ceux où elle
exerce ses ravages, je le dirais à pure perte,
chacun le sait parfaitement.

J'appelle *émondage*, non l'opération qui a
pour objet d'arrondir nos mûriers, de les tail-

(1) Dire que les mûriers taillés produisent plus de feuille c'est
avancer une erreur matérielle que l'expérience se charge annuellement de démontrer. Ils en produisent plus d'un dixième de moins,
et de moins bonne qualité. Quels argumens en faveur de la taille!...
M. le comte Verri dit que la taille a le double inconvénient de diminuer le produit annuel des mûriers et d'en retarder l'accroissement;
il déclare être persuadé qu'elle en abrége la durée par la nécessité où
elle les met de s'épuiser pour cicatriser leurs blessures. Le mûrier,
dit-il, doit être élagué, mais modérément et pas trop souvent.

(Verri. *Art de cultiver le mûrier*, in-8°, p. 75.)

ler en vase, de supprimer annuellement les dix-neuf vingtièmes de leurs pousses annuelles, afin d'en obtenir une plus grande quantité de feuille; mais celle qui, ayant pour but d'en faciliter la cueillette, consiste à ne retrancher, du précieux végétal qui la produit, que les branches mutilées, mi-coupées ou tordues en l'opérant, les chicots, le bois mort, les branches trop faibles, celles qui se croisent, les gourmands, en un mot, tout ce qui ne peut que faiblement produire et dont la suppression, loin de nuire à l'arbre, doit contribuer à sa prospérité. Cette opération, qui embrasse aussi le raccourcissement des pousses qui, ayant pris trop d'étendue, végèteraient au détriment de celles qui en auraient moins et qui, comme on le voit, tend par là à donner une certaine rondeur à nos mûriers, doit se faire immédiatement après la cueillette de la feuille.

Sans doute l'arbre en éprouverait moins de dommage si, comme quelques agronomes le prescrivent, elle n'était faite que pendant son sommeil : en novembre, après la chute des feuilles et avant les grands froids (1), ou en

(1) M. Noisette blâme la taille d'automne ; il dit : que les plaies ne pouvant pas se cicatriser produisent des chancres.

mars, après que la douce haleine des zéphirs a entièrement fondu les glaces de l'hiver, et avant que la sève se mette en mouvement pour aller grossir les bourgeons et changer leur roussâtre aspect en riante verdure. Mais cet avantage ne serait-il pas balancé par l'inévitable inconvénient de laisser nourrir à l'arbre des branches tordues, mi-coupées, et qu'on devrait retrancher avant d'avoir pu mettre à profit le peu qu'elles devaient produire? S'il était bien démontré que le fluide séveux qui aurait développé de la feuille dans les pousses retranchées en automne ou au printemps, passe tout entier dans celles qu'on respecte, et en augmente le produit d'une quantité égale à celle qu'il aurait donnée sans retranchement, je me rangerais de leur avis, mais je n'en suis pas convaincu, et, d'ailleurs, avec les précautions que j'indique, mon émondage ne peut pas être fort nuisible. Je persiste donc à croire que l'émondage doit être fait immédiatement après la cueillette de la feuille; faites-le comme je vous l'ai dit : purgez vos arbres de tout ce qui pourrait en rendre le dépouillement difficile; arrêtez les pousses dont le trop grand accroissement menacerait d'affamer leurs voisines. S'il en est où la sève ne soit pas également distribuée, où l'un de leurs côtés végète plus avantageusemeut que l'autre, retranchez à ce côté tout ce que lui a donné de plus cette inégale distribution, afin de rétablir l'é-quilibre. Voilà, j'en suis assuré, le moyen de conserver la santé de vos mûriers, d'en pro-longer l'existence dans un état lucratif, d'en obtenir annuellement une riche dépouille et d'avoir pour vos vers à soie une nourriture saine et abondante en principes soyeux. D'a-près le mode d'élagage que je viens de décrire, on ne fait jamais aux mûriers que de légères blessures; toutefois on ne doit jamais l'entre-prendre sans s'être muni d'onguent de Saint-Fiacre (1), afin d'en recouvrir aussitôt les plus considérables, dans le double but d'empêcher l'écoulement de la sève et de prévenir l'effet des influences atmosphériques.

Mais comment former les jeunes mûriers avec une taille qui n'en est pas une? Le voici : contentez-vous de seconder la nature et gar-dez-vous de la contrarier. Si vous ne placez sur un sujet que deux greffes, et l'espèce de

_____

(1) L'onguent de Saint-Fiacre est formé d'un tiers terre argileuse, un tiers charbon bien pulvérisé et un tiers de bouse de vache bien pétris ensemble. Pitaro indique une mixture composée demi cire et demi térébenthine ou huile de lin; il recommande aussi le goudron et la colophane.

vase que forment ceux sur qui l'on en met trois et dans lequel se rassemble une eau si souvent pernicieuse semble vous le prescrire, coupez l'extrémité de ces deux pousses et restez-en là pour la première année; sacrifiez, à la seconde, les branches qui, en se croisant, empêcheraient plus tard de pénétrer dans son intérieur; ayez en vue d'en faire un arbre productif; souvenez-vous que la taille serait pour lui une opération dangereuse, que, d'après mes principes, l'influence de l'air et celle du soleil doivent en rendre la feuille plus soyeuse, et vous le formerez convenablement.

Vous n'aurez presque rien à faire, pour obtenir ce résultat, si vous avez eu le soin de greffer en pourette. Votre arbre se formera de lui-même. Les deux ou trois plus hauts bourgeons lui donneront une tête régulière, évasée, que vous pouvez diriger aisément et sans bien grand dommage. Je dois néanmoins convenir que, d'après ma méthode, il ne présentera pas une forme aussi gracieuse, ni l'apparence d'une aussi riche végétation. Mais que sont ces prétendus avantages auprès des sacrifices qui seuls peuvent nous les faire obtenir? Ah! n'oubliez pas que s'il est vrai, comme nous ne saurions en disconvenir, que toute

notre conduite à l'égard du mûrier doive avoir
pour but sa durée, l'abondance et la qualité
de son feuillage et la facilité d'en faire la
cueillette, il ne l'est pas moins que le mode
que je propose est le seul qui puisse y faire
parvenir.

Je ne dis rien de la taille des nains, parce
qu'il est naturel de conclure, de ce que je
viens de dire, qu'il est indispensable de renoncer sans retard aux pratiques meurtrières auxquelles ils sont soumis dans quelques lieux,
et qu'il doit être évident, pour tout agriculteur raisonnable, que leur existence et la qualité de leur produit exigent qu'on adopte pour
eux l'émondage que réclament les mêmes motifs pour les mûriers de haute tige. Oui, il est
si naturel de l'adopter, qu'encore ici je croi-
rais faire insulte au bon sens de mes lecteurs
en les engageant à le faire (1).

(1) M. le professeur Bosc veut qu'on les élève en têtard, c'est-à-dire
à l'instar des osiers dont on coupe annuellement, comme chacun
le sait, toutes les pousses rez-tête. Il prétend que, traités ainsi, ils
produisent une plus grande quantité de feuille et de meilleure qualité. N'en déplaise à cet illustre auteur, l'expérience, qui donne
aussi d'assez bonnes leçons, a démontré le contraire. Elle a prouvé aussi
que le conseil qu'il donne de distribuer les branches aux vers à soie
en en faisant tremper le bout dans une auge remplie d'eau est un conseil impraticable. Faisons des vœux, comme nous y invite le comte
Verri, pour que l'agriculture soit bientôt délivrée des ouvrages qui
ne sont que le fruit de l'imagination.

Dois-je rapporter les erreurs de mes maî-
tres? Faut-il que je combatte les fausses théories comme j'ai combattu les funestes pratiques? Je répugne à le faire, et néanmoins je
sens que je le dois. Toutefois, qu'on ne s'at-
tende point à ce que je rapporte tout ce que
j'ai vu de défectueux dans les nombreux volumes que j'ai eu la patience de lire, avant de
mettre la main à cet écrit, que je n'eusse jamais entrepris, si ses prédécesseurs avaient pu
me convaincre qu'il était inutile.

La plupart d'entre eux ne sont lus de personne; quelques-uns, moins délaissés, n'ont
rien de pernicieux ; d'autres, en assez grand
nombre, ouvrent la carrière que j'indique;
mais il en est quelques-uns, et des plus distingués, qui contiennent des erreurs qu'il est
nécessaire de combattre, parce que la place
qu'occupent leurs auteurs dans le monde savant est propre à leur assurer un crédit qui
pourrait les rendre désastreuses. Il est mal-
heureusement encore un très- grand nombre
de cultivateurs qui n'ont pas secoué le joug de
la routine; et avec quel empressement n'ac-
cueilleraient-ils pas ces erreurs, s'ils croyaient
y voir la sanction de leurs funestes procédés!
Or, c'est ce qu'ils verraient dans le *Nouveau*

cours complet d'agriculture, où le célèbre Bosc, après avoir prescrit de tailler court immédiatement après la cueillette, assure que c'est à cette excellente méthode que les habitans d'Anduze doivent la beauté et la longue existence de leurs plantations. Je suis sûr, moi, qui connais parfaitement les mûreraies de cette ville, que c'est à cette erreur funeste que ne devrait pas partager un si habile professeur, qu'elles sont redevables des nombreuses mortalités qui les dépeuplent. Le terroir y est riche, les sucs abondans, la végétation magnifique, et comment des mûriers si vigoureux ne seraient-ils pas asphixiés quand, après avoir été dépouillés de leur feuillage, si nécessaire à leur réparation, on les dépouille de la presque totalité du bois nouveau par lequel s'opère aussi, quoique beaucoup moins abondamment, cette fonction également indispensable à la vie des animaux et à celle des plantes(1)? Privez, dit l'abbé Rozier, privez un arbre de ses pores absorbans et il périra asphixié. C'est à ce beau résultat que mène

(1) Les arbres qu'on ne taille pas après les avoir dépouillés, conservant plus de pores absorbans et exhalans que ceux qu'on soumet à la taille, sont recouverts de feuilles plus de 15 jours avant eux.

droit la pratique d'Anduze, que M. Bosc vous conseille de suivre et que votre intérêt vous prescrit d'abandonner! En taillant ainsi, dit encore Rozier, la sève s'engorge dans les racines et les pourrit, ou bien dans le tronc et y produit des chancres.

Que M. Boitard, après avoir dit que dans plusieurs provinces d'Italie, où l'on ne les soumet pas à la taille, les mûriers y produisent plus long-temps une meilleure qualité de feuille, ajoute que ces avantages ne balancent pas ceux qu'on en retire en les y soumettant, voilà ce qui pourrait surprendre, si la manière dont il se moque de MM. Verri et Bonafous, pour avoir soutenu que, pour établir l'équilibre dans un arbre, il fallait arrêter les plus fortes pousses et ne pas toucher aux plus faibles, c'est-à-dire une vérité d'expérience, ne prouvait que cet illustre agronome n'a jamais sérieusement réfléchi à cette opération. M. Boitard semble être fier de partager son erreur avec le célèbre La Quintinye et l'immortel Rozier; mais je ne vois pas trop ce qui peut y avoir de grand à partager les erreurs des grands hommes.

Encore un agronome distingué que nous devons signaler à vos yeux comme accordant

à une erreur la sanction d'un nom recomman-
dable, et c'est par là que nous terminerons.
M. Bonafous indique *une fente longitudinale* à
la tige du jeune mûrier comme un moyen de
la faire croître avec plus de force et par là de
maintenir un juste équilibre entre elle et la
tête qu'elle doit porter. C'est là ce qu'on peut
appeler un mal réel appliqué pour remède à
un mal imaginaire. Qu'à cette occasion M. Boitard lui eût reproché son ignorance, qu'il lui
eût dit, comme il l'a fait fort mal à propos
dans une autre, que le plus mince garçon jar-
dinier ne commettrait pas une semblable
faute, il l'y aurait autorisé, et nous ne blâme-
rions, dans ce blâme, que la forme un peu
trop cavalière. Devait-on s'attendre à trouver
encore, dans un livre sorti de la plume de
M. Bonafous, une semblable tache? Peut-on
être directeur d'un jardin royal, peut-on s'occuper d'agriculture, que dis-je, peut-on avoir
des yeux et ignorer que Dieu, toujours sage
dans ses déterminations, donne toujours à la
tige la force nécessaire à l'emploi qu'il lui assigne et qu'elle croît toujours avec la tête
qu'elle porte dans la plus exacte proportion?

CHAPITRE XI.

—

DES MALADIES DES MURIERS, DE LEURS CAUSES ET DE LEURS REMÈDES.

Il en est des maladies du mûrier comme de celles de l'insecte auquel son feuillage doit servir de nourriture : on peut les prévenir sans peine, on ne les guérit que difficilement. Parmi ces maladies, sous l'action desquelles succombe trop souvent ce riche végétal, il en est qui lui sont particulières et d'autres qu'il partage avec tous les grands végétaux. Nous ne parlerons avec détail que des premières, parce que ce sont les seules dont l'intelligence du cultivateur puisse le délivrer quand une bonne culture n'a pas su l'y soustraire.

Les maladies qui affligent le mûrier et qui résultent presque toutes, soit de l'aveugle routine qui dicte encore parmi nous les seuls

principes d'après lesquels on le cultive, soit
de la nécessité où il est réduit d'abandonner
annuellement sa dépouille à notre cupidité,
ne s'élèvent pas à moins de *huit* ; de ce nombre, celles qui attaquent à la fois tout son or-
ganisme, sont appelées *générales* ou *constitu-
tionnelles* ; on donne le nom de *locales* ou *acci-
dentelles* à celles qui ne l'attaquent que par-
tiellement.

Pour les premières, dont la cause est quelquefois dans l'imperfection de la graine qui les
a produits, et plus souvent encore dans l'ari-
dité du sol auquel on les fixe, l'exiguité de
l'aire qu'ils ont à explorer, ou les sucs peu
convenables à leur prospérité que pompent
leurs racines, les remèdes les plus efficaces ne
peuvent qu'en enrayer la marche. Mais quant
aux secondes, que leur procurent si souvent
nos absurdes procédés, il existe des moyens
curatifs que n'emploie pas toujours sans succès une main adroite et sagement dirigée par
une tête intelligente.

Toutefois, la plus bénigne d'entre elles est
un dangereux ennemi qu'il est plus facile d'é-
viter que de vaincre. Voulez-vous donc vous
soustraire à l'obligation de combattre ces divers agens de destruction, détruisez-en le ger-

me, anéantissez-en les causes, empêchez-les de se produire.

Pour cela : 1° élevez chez vous, et de la manière que je l'indique, les plants dont vous pouvez avoir besoin;

2° Ne greffez que ceux dont la feuille, trop petite et peu nombreuse, ne serait que d'un faible produit; greffez toujours en pourette, et ne greffez jamais que des variétés fines;

3° Arrachez vos jeunes plants avec la plus grande précaution; conservez-leur autant de racines que possible; gardez-vous d'en retrancher volontairement celle qu'on nomme *pivotante*; plantez-les avec soin dans des trous de six pieds de diamètre et de deux pieds de profondeur, ouverts depuis trois mois au moins, et sur lesquels vous aurez fait répandre une bonne couche de terre végétale;

4° Ne commencez à les dépouiller de leur feuille qu'à leur sixième année, à partir de celle de leur transplantation à demeure; ne les effeuillez pas tous les ans, et si vous le faites, n'oubliez pas de leur laisser une assez grande quantité de ces feuilles éparses qu'on nomme *papillons*, ou mieux encore quelques pousses non effeuillées sur tout leur pourtour;

5° Ne les taillez pas de manière à leur enlever les dix-neuf vingtièmes de leurs pousses,
mais bien émondez-les, élaguez-les comme je
le prescris;

6° Ne les placez jamais dans un terrain contraire à leur nature;

7° Donnez-leur d'assez fréquens labours
pour les purger d'herbages et entretenir la
terre dans l'état de fraîcheur que réclament
leurs racines, et qui leur est d'autant plus nécessaire, qu'elles ont à réparer les pertes occasionnées par l'*effeuillement.*

En vous conformant à ces préceptes, vous
préserverez vos arbres des maladies qui désolent nos plantations; car, la cause de ces ravages gît presque toujours dans le peu de soin
qu'on porte aux pépinières et aux diverses
transplantations, le trop précoce, trop fré-
quent et trop absolu dépouillement des feuilles, l'excès de la taille, le manque de culture,
l'infécondité ou l'impropriété du sol, en un
mot dans l'emploi de pratiques vicieuses,
quand elle ne provient pas de la graine qui les
a produits ou des larves qui attaquent leurs
racines.

J'ai indiqué les causes de ces maladies et
montré les moyens de les prévenir; il ne me

reste plus, pour avoir rempli ma tâche, qu'à en décrire les caractères et à faire connaître les remèdes qui peuvent en arrêter le cours.

1° *Le rabougrissement.* Cette maladie, qui a pour cause la pauvreté du sol, l'exiguité de l'aire, ou l'imperfection de la graine, et pour effet le dépérissement, se manifeste par de très-petites pousses, des lichens, des mousses, des chancres, des branches mortes, etc. Les racines ne trouvant dans un terrain épuisé ou stérile de sa nature que de sucs peu abondans, y pompent des principes peu convenables à la prospérité de l'arbre; dès-lors la sève, mal élaborée, trop peu fournie de carbone et trop chargée de matières alcalines et terreuses obstruant les vaisseaux destinés à la conduire aux branches, n'y parvient qu'avec peine, et les rameaux, imparfaitement nourris, commencent par jaunir et finissent par se dessécher. Le fumier, la bêche et la coignée, tel est le remède de ce mal, incurable s'il est originel; fumez bien, labourez de même, retranchez de vos arbres les branches les plus faibles, ne leur laissez que celles qui pourront être abondamment sustentées par les racines, recouvrez d'onguent les plaies qu'aura nécessitées cette cruelle mais indispensable opération, qui ne

doit être faite que dans le mois de mars ; abat-
tez les lichens et les mousses qui en dévorent
les tiges, ne les effeuillez pas d'un ou mieux
de deux ans et vous aurez le plaisir de leur
voir reprendre une bonne partie de leur première vigueur.

2° *La lèpre.* Cette maladie, qui se manifeste
par la mousse et le lichen, et qui est tout à la
fois la marque et la conséquence de celle que
nous venons de décrire, peut encore être produite par le défaut d'air, la privation de la
lumière et le trop long séjour de l'humidité.
Enlever avec soin ces plantes parasites qui
détériorent l'épiderme de l'arbre et le privent
des douces influences du soleil, est le premier
remède qu'on doit lui opposer ; le second, qui
peut, après l'avoir guéri, en prévenir le retour, est subordonnée à la cause qui l'a d'abord
produite. Si c'est le rabougrissement, nous
avons déjà dit ce qu'il doit être ; si c'est le
défaut d'air, etc., ayez recours à la serpe pour
lui frayer un libre passage.

3° *Le chancre.* Le chancre, qui n'est que le
résultat d'une lésion quelconque, se manifeste
par la décomposition de l'écorce, qui n'a bien
souvent lieu qu'après que l'aubier a été atteint ; car c'est ordinairement par là que la

carie commence. L'enlever au moyen d'un instrument tranchant et recouvrir la plaie d'onguent de Saint-Fiacre, ou la mixture prescrite
par le docteur Pitaro, est le meilleur remède
efficace contre cette maladie.

4° *La carie*. La carie, qui n'est qu'une espèce de chancre produit par l'effet des influences météorologiques sur une plaie qui a
mis le bois à découvert, se guérit de la même
manière, et peut se prévenir par l'usage de
l'onguent.

5° *L'ulcère* ou *cancer*. L'ulcère, dont les effets sont beaucoup plus désastreux qu'on ne
le croit communément, se manifeste par un
écoulement sanieux, qui donne à l'écorce une
couleur noirâtre ou d'un jaune brun. L'ulcère
des plantes est l'abcès des animaux. Le cambium mal élaboré et réuni sur un certain point
du tronc ou de ses brances principales, se
corrompt, devient âcre et corrode le liber,
l'aubier et toutes les parties environnantes. Si
l'écoulement se dirige vers le cœur de l'arbre,
il le tue; si c'est vers l'extérieur, il l'exténue
par la perte journalière des sucs qui devaient
le nourrir. Cette maladie attaque quelquefois
les racines, alors elle est d'autant plus dangereuse que son action n'est soupçonnée qu'après

avoir produit d'irréparables maux. Enlever l'ulcère, cautériser la plaie avec un fer rougi, la garnir d'onguent de Saint-Fiacre et mieux encore la vernir avec la colophane, tel est l'unique moyen de détruire ce dangereux émonctoire. Quelques agriculteurs italiens proposent, pour en prévenir l'existence, de pratiquer, au pied de nos mûriers, un trou pareil à ceux qu'on pratique au pied des arbres résineux pour en recevoir le produit. Je n'offre pas ce préservatif avec l'autorité que donne l'expérience; j'ai dû l'indiquer, mais je dois dire aussi que je craindrais, en l'employant, de créer le mal au lieu de l'empêcher.

6° *L'asphixie.* L'asphixie est une maladie subite et terrible qu'occasionne au mûrier la suppression violente de ses feuilles, et qui, en quelques jours, fait, d'un arbre vigoureux, un arbre languissant, incapable de revenir à sa vigueur première et de donner à son possesseur autre chose que son cadavre. S'il n'existe aucun moyen curatif pour cette foudroyante maladie qui dépeuple annuellement nos plantations, il en existe de prophylactiques qu'on n'emploie pas sans succès. Ne taillez pas vos mûriers, contentez-vous de leur appliquer mon mode d'élagage; ne cueillez pas leur feuille trop parcimonieusement, et vous n'aurez pas la douleur de les voir périr sous ses terribles coups.

7° *L'apoplexie*. Cette maladie, fort analogue à la précédente, mais moins meurtrière qu'elle quoique sans remède efficace, est le résultat d'une perturbation dans l'organe respiratoire, occasionnée par les variations atmosphériques. Elle a lieu quand, après des journées chaudes, s'élève un vent froid et violent; alors la transpiration de l'arbre s'arrête, sa sève s'engorge et sa langueur, que ne guérissent pas toujours les belles journées qui succèdent à la bourasque et qu'atteste la pâleur de ses feuilles, sont le plus heureux résultat de cette perturbation.

8° *La pourriture des racines*. Cette maladie, fort commune et d'autant plus à craindre qu'elle est incurable et contagieuse, est occasionnée par la présence d'un champignon du genre *isaire*, qui, s'attachant aux racines, en pompe le suc et en décompose le cambium qu'il absorbe et dont il prend la place. Ce petit champignon, que Linné appelle *mucor*, invisible à l'œil nu, paraît sous différentes formes et recouvert d'une poussière farineuse, dont la couleur varie du jaune pâle au blanc

cendré. Tout arbre atteint de cette maladie
peut être mis au rang des morts. Ce qu'on a
de plus pressant à faire, est d'en débarrasser le
sol, et pour que la contagion ne gagne pas
la mûreraie, il est indispensable de sacrifier
aussi ses plus proches voisins. Ce sacrifice,
quelque pénible qu'il paraisse, ne doit pas
être différé!

Quelle est la cause première de cette maladie? D'où sont provenus ces terribles cham-
pignons dont les ravages sont si ridiculement
attribués au *vif argent?* Comme si ce métal
existait dans nos terres, ou comme s'il pouvait, alors même qu'il y existât, jouer le rôle
d'exterminateur que l'ignorance lui assigne.
Leur origine, peu connue, est généralement
rapportée au fumier chaud qu'on place immédiatement au-dessus des racines. Voilà bien
ce que disent les auteurs, mais est-ce là ce
qu'ils diraient, si la nature eût consenti à leur
dévoiler ses mystères?... Peu de cultivateurs
sont assez ignorans pour mettre le fumier en
contact avec les racines; ceux qui le seraient
assez pour ne pas connaître le danger d'un
tel contact, ne le feraient que lors de la
plantation à demeure, et ce ne sont pas toujours de jeunes mûriers qui tombent victimes

de cette terrible maladie, elle en fait périr de tout âge et de très-vigoureux. Non, le contact du fumier n'est pas l'unique cause du champignon dévastateur; il en est d'autres, et je ne serais pas surpris que la stagnation de la sève dans les parties qu'ils attaquent ne fût pour beaucoup dans leur formation; quoi qu'il en soit, dépourvus de moyens curatifs, nous devons employer avec le plus grand soin tous les moyens prophylactiques que peuvent nous indiquer l'expérience ou le raisonnement.

L'observation a mis hors de tout doute qu'un jeune mûrier mis à la même place où la mort vient d'en enlever un plus ou moins vieux, ne vit que peu de temps. Est-ce un virus désorganisateur? Est-ce la disette qui le tue?... Selon les circonstances, chacun de ces agens peut être cause de sa mort; dans un sol riche et généreux ce n'est pas la disette, mais bien la contagion, et dans ce cas, il doit mourir du champignon mucor. Dans un sol peu fertile, il meurt d'inanition et parce que son prédécesseur avait dépensé les sucs nécessaires à son existence. Ne cherchez donc pas à remplacer vos vieux mûriers ou plutôt vos défunts, sans au préalable avoir bien amandé ou bien purifié leur place. Ouvrir un large

creux, y brûler jusqu'aux moindres fragmens
de leurs racines et le laisser au moins un an
exposé aux influences atmosphériques, est un
des meilleurs moyens d'opérer cette purifi-
cation.

J'ai fait connaître comment vous pouviez
obtenir des mûriers d'une belle venue, d'une
longue existence, d'un précieux rapport, ma
tâche est finie; je laisse à l'expérience le soin
de vous faire connaître la vérité de mes principes, et à votre intérêt celui de vous les faire
adopter.

FIN DU GUIDE DU CULTIVATEUR
DE MURIERS.

LE GUIDE DU MAGNANIER.

LE GUIDE

DU

MAGNANIER.

CHAPITRE PREMIER.

—

DU VER A SOIE ET DE SA NOURRITURE.

Le ver à soie est originaire des pays chauds : importé de Chine en Europe, l'an 530 de notre ère, il ne vit dans nos climats qu'en état de domesticité, état qui, en altérant sa constitution primitive, en a produit plusieurs variétés. Je ne dois parler ici que de celle qu'on élève parmi nous, c'est-à-dire du ver à soie de quatre mues à cocons de moyenne grosseur (1); la-

---

(1) Il y a des vers à soie de trois mues, qui montent quatre jours plus tôt que ceux qu'on élève dans nos pays; font à peu près la même dépense en feuille et produisent des cocons moindres de 2/5, mais dont la soie est plus fine. On en élève beaucoup en Lombardie.

Il y en a aussi de quatre mues deux fois et demie plus pesans que les vers à soie ordinaires, dont les cocons suivent la même proportion, et qui ne montent que cinq ou six jours plus tard; on les élève dans le Frioul. Ils sont, dit-on, un peu moins dépensiers, mais la soie en est grossière.

quelle se subdivise en deux autres qui ne diffèrent guère que par la couleur de leur produit. L'une d'elles, la première qu'on éleva en France et probablement en Europe, donne des cocons dont la couleur varie depuis le roux ardent au jaune paille; l'autre importée dans notre patrie vers le milieu du dernier siècle, en donne d'un blanc plus ou moins sale et plus ou moins argenté. Leur nuance déterminant dans leur valeur vénale une différence assez sensible pour que l'éducateur doive y faire attention, nous lui recommandons le *Roquemaure* et surtout ceux qui, nous étant naguère venus directement de Chine, portent parmi nous le nom de *Sina*. Non moins robuste que la jaune, quoi qu'en ait dit certains échos du préjugé, la variété blanche, plus prompte et moins dépensière, devrait obtenir notre préférence alors même que son produit cesserait d'être d'un plus grand cours et d'un prix plus élevé.

Cette précieuse chenille, parfaitement caractérisée malgré la décision contraire de quelques modernes auteurs, par le nom de *ver à soie* sous lequel elle est généralement connue, appartient au genre *bombice*, et voilà d'où vient que quelques-uns de nos savans, sans condescendance pour le pauvre vulgaire et jaloux d'introduire un nouveau mot grec dans la langue française, s'obstinent à l'appeler *bombix*.

Quoi qu'il en soit de son nom, elle a seize pates, dix-huit petits trous appelés *stigmates* et *trachées aériennes*, marqués par autant de points noirs, dont deux à la tête et un au-dessus de chaque pate. Ce sont ses organes exhalans et aspirans : c'est par eux qu'elle respire. Un museau composé de deux fortes mâchoires cornées, dont la couleur varie avec l'âge, qui s'émeuvent horizontalement, ont la forme d'une scie et produisent, par le rongement de la feuille, la majeure partie de ce bruit qu'on entend dans les magnaguières (1) durant les quatrième et cinquième âge des vers à soie, immédiatement après qu'on leur a servi leurs repas; bruit que le célèbre Dandolo attribue tout entier à l'action de leurs pates dans le mouvement qu'ils font pour se placer; mais ce qui démontre évidemment l'erreur de cet éducateur illustre, c'est que ce bruit, qui ressemble parfaitement à celui d'une petite pluie, continue alors que

(1) Il est presque inutile de dire que j'appelle *magnaguière* le local dans lequel sont élevés les vers à soie, et que d'autres nomment *magnanerie* ou *magnauderie*.

le mouvement des pates a cessé. Comme celui des individus de son espèce, le corps de cet insecte est cylindrique et divisé en douze anneaux membraneux parallèles, dont le dernier de la partie postérieure est surmonté d'une espèce de petit éperon ; sa peau, qui paraît châtain au moment où il vient d'éclore, s'approche journellement du blanc sale qu'elle atteint deux ou trois jours avant sa maturité, et à mesure que la couleur foncée est remplacée par une couleur plus claire, c'est-à-dire à mesure que la peau s'agrandit et que les petits poils dont elle est hérissée et qui lui donnent, tant qu'elle est peu considérable, la teinte noirâtre qu'elle a surtout dans les deux premiers âges de l'insecte, s'éloignent l'un de l'autre et tombent jusqu'à la racine. Il paraît sur son dos quatre petits demi-ronds formant deux parenthèses noires, et sur sa tête un bandeau de même nature chez les mâles, et beaucoup plus clair, très-peu apparent, chez les femelles.

Devant acquérir, dans l'espace de trente à trente-cinq jours, un volume environ mille fois plus grand que celui qu'il apporte en sortant de sa coque, on conçoit aisément qu'il doit être bientôt à l'étroit dans sa tunique primitive ; aussi s'en débarrasse-t-il après sept ou huit

jours pour en prendre une autre dont il se dé-
barrasse de même. Après quatre opérations de
ce genre, auxquelles on a donné le nom de
mues, et qui closent ses quatre premiers âges,
cet insecte parcourt son cinquième, durant lequel il dévore le $4/5$ de la feuille dont il a besoin pour parcourir les diverses périodes de
son existence, et forme enfin ce précieux tom-
beau qui nous le rend cher et dans lequel il
doit non-seulement se débarrasser une cinquième fois de son enveloppe, mais encore subir deux métamorphoses d'après lesquelles se
succèdent, en quinze ou vingt jours, deux êtres
tout-à-fait dissemblables. Quelle différence, en
effet, entre la crysalide et le ver dont elle est
provenue ! Quelle différence surtout entre le
papillon et cette chrysalide !

Le ver à soie change donc quatre fois de peau
pendant sa courte vie. Ces changemens qui,
comme nous l'avons dit, portent le nom de
mues, s'annoncent par un dégoût que précède
toujours un appétit vorace. Chacune de ces
mues est pour lui une maladie, une crise dangereuse, et voilà pourquoi l'on dit vulgairement
qu'ils s'alitent lorsqu'ils se disposent à la subir.
Ce petit animal, que l'on croit généralement
aveugle, est pourvu de douze yeux rouges en

deux groupes sur la partie cornée de sa mâchoire
supérieure ; on a conclu qu'il était privé de la
vue de ce qu'il paraît fuir le grand jour, mais cette
conclusion est-elle légitime ? Du soin que nous
prenons à ne pas arrêter nos yeux sur le dis-
que du soleil serait-on bien fondé à conclure
que nous n'en avons point ?... Et d'ailleurs est-il
bien constaté qu'il évite la lumière ? n'est-il pas
tout aussi probable qu'il cherche à se mettre
à l'abri de l'air dont le contact lui est si souvent nuisible lorsqu'il le frappe directement
et qu'il pénètre dans l'atelier par les mêmes
ouvertures qui donnent passage aux rayons solaires ? Quelques auteurs se sont faits les organes de cette erreur populaire, mais doit-on en
être surpris ? N'est-il pas plus facile de copier
un mensonge que de le réfuter ? Si, comme personne ne le conteste, le papillon issu du ver à
soie a des yeux, n'est-il pas infiniment probable que le ver, lui-même, en est pourvu ? Le
papillon en a-t-il un plus urgent besoin, lui
qui, durant toute sa vie, ne doit prendre, pour
tout aliment, que l'air qui de toutes parts l'en-
vironne ?

Le sang de cet insecte n'est ni rouge ni
chaud : aussi sa chaleur est-elle toujours égale
à celle de l'air qu'il respire. Il a immédiate-

ment au-dessous de sa tête deux réservoirs destinés à recevoir la matière soyeuse, et unis par une filière ou petit trou par lequel il les vide en y faisant passer sa soie quand il veut *bâtir* son cocon.

La finesse de la soie dépend de la grosseur de la filière, et celle-ci de la chaleur qu'éprouve l'insecte à sa maturité. En sorte que la qualité de cette matière, toujours précieuse, ne dépend pas seulement de la nourriture du ver qui la produit, mais encore de la chaleur qu'il éprouve au moment où il doit la produire.

Le ver à soie ne quitte guère la place où on le dépose que quand il vient de naître ou quand il veut *monter*, à moins qu'il ne soit atteint de quelque maladie. Le temps qui s'écoule entre sa naissance et sa maturité, dépend de l'état de la température du lieu dans lequel il se trouve. Bien qu'il ne craigne pas la chaleur, comme on l'a généralement cru, puisque, à trente degrés de thermomètre de Réaumur, l'abbé de Sauvages en a obtenu une parfaite réussite, toutefois, pour avoir une bonne qualité de cocons, il faut qu'il s'écoule au moins trente-cinq jours de la *naissance* à la *montée*.

Il me resterait encore bien des choses à dire

3

sur notre précieuse chenille, si j'avais la prétention d'en écrire l'histoire naturelle, mais mon unique but étant non de la faire connaître, mais d'indiquer à ceux qui la connaissent, sous quelles lois elle prospère, je m'arrête avec la crainte d'en avoir trop dit.

La feuille de mûrier est, quoi qu'on en ait pu dire, la seule nourriture qui puisse convenir au ver à soie (1). Cette feuille est composée de cinq substances différentes : 1° le parenchyme, c'est-à-dire les côtes, les fibres, la charpente; 2° la matière colorante; 3° la matière aqueuse; 4° la matière sucrée, qui est celle dont le ver forme sa substance, et enfin la matière résineuse destinée à se convertir en soie, que l'insecte élabore et accumule dans les deux réservoirs dont nous avons parlé plus haut.

La feuille est donc plus ou moins bonne, selon qu'elle contient plus ou moins de matière sucrée et résineuse. L'état de l'atmosphère pouvant influer sur le développement de telle

---

(1) Plusieurs écrivains, serviles copistes de confrères peu observateurs, ont avancé qu'on pouvait les nourrir avec la feuille d'orme, de rosier, de ronce, etc.; d'autres soutiennent que celle de pissenlit, de scorzonère, de laitue, peuvent les sustenter avec avantage. Il en est un qui n'a pas hésité à offrir la luzerne et la pomme de terre pour remplacer la feuille de mûrier. *Risum teneatis amici!*.... (Voir le *Guide du Cultivateur de mûriers*, chap. II.)

substance au préjudice de telle autre, on peut concevoir que des vers très-beaux répondent mal à l'attente de l'éducateur, parce que la matière sucrée ou nutritive l'ayant emporté sur la matière résineuse, leurs cocons seront peu pesans; et c'est là ce qui arrive lorsque le vent du midi règne; le contraire a lieu quand c'est celui du nord.

Sans prétendre entrer dans la nomenclature des diverses qualités de feuille, je dois dire que la meilleure est celle que produit le mûrier planté dans un terrain léger, sec et exposé au vent, et la plus mauvaise celle que produit cet arbre dans des terrains bas, gras et humides.

Il existe aussi de grandes différences entre la qualité de la feuille cueillie dans les mêmes lieux; et ces différences, on le sent, proviennent des espèces. (Voir le *Guide du Cultivateur de mûriers*, chap. II, intitulé : *du mûrier et de ses différentes espèces*.)

La feuille miellée nuit aux vers à soie; on ne doit s'en servir que dans un moment de disette, et seulement après l'avoir lavée. Celle qui n'est que tachée ne leur nuit pas du tout; mais il faut avoir égard aux taches, et leur en donner en plus grande quantité. Un propriétaire prudent et désireux de réussir dans l'éducation des vers à soie, doit avoir assez de feuille de sauvageon pour donner à ses vers pendant les deux premières périodes de leur vie, et de fine pour la veille et le lendemain de toutes les mues, ainsi que pour tout le temps de la montée (1).

(1) Nous tenons de source certaine qu'en Italie, lorsque des symptômes de maladie se manifestent dans une magnaguière, l'éducateur intelligent en arrête souvent les progrès en donnant à sa chambrée de feuille de sauvageon.

CHAPITRE II.

DES MAGNAGUIÈRES ET DES RAMIERS.

Le local dans lequel on élève les vers à soie pouvant beaucoup influer sur leur santé et par là même sur leur réussite, il est essentiel de montrer ce qu'il doit être pour répondre à leurs besoins et à l'attente de leurs éducateurs; et toutefois je ne parlerai pas des grandes *dandolières*, persuadé que ceux qui voudraient en faire construire ne s'en tiendraient point à ce que j'en dirais, et voudraient consulter les plans et la description qu'en a donnés l'illustre italien dont elles ont reçu leur nom.

Le meilleur emplacement pour une magnaguière est celui qui est le moins exposé à un air stagnant (1) et humide et à la répercussion

(1) Pesant, non agité.

des rayons du soleil. On doit donc, autant que possible, placer ces bâtimens sur de petites élévations, loin des marais et des rivières dont le cours ne serait pas rapide, afin que l'air y soit moins humide et plus agité. On doit aussi éviter les expositions trop chaudes, telles que le pied d'une montagne vers le couchant ou le midi.

Un carré long dont les plus grands côtés regardent le levant et le couchant, telle est la meilleure forme à donner aux magnaguières qui ne doivent avoir que deux rangs de tables (1) sur leur largeur, et par conséquent trois chemins, et à chacun des petits côtés trois fenêtres qui leur correspondent (2). Le nom-

(1) On appelle *table, canis, claie, canisse*, l'ustensile sur lequel on place le ver à soie et qu'on lui assigne pour demeure dans les diverses périodes de sa courte existence. La table est ordinairement construite en planches. On s'en sert dans toutes les hautes Cévennes, son usage est nuisible : l'air ne pouvant pas, à travers la table, sécher la litière. La claie tressée avec des gaules ou jeunes pousses d'arbre vaut infiniment mieux. Le canis, composé de roseaux écrasés, ouverts et tissus ensemble, vaut plus que la table et moins que la claie. La canisse réunit aux avantages de celle-ci celui de pouvoir être roulée et rangée sans embarras dans un coin de la magnaguière, attendu qu'elle n'est composée que des roseaux justa-posés et unis l'un à l'autre par une sorte de ficelle.

(2) Le plan de magnaguière que je décris ici, et qui, à très-peu de chose près, est celui de la mienne dont j'ai lieu d'être satisfait, serait avantageusement modifié si, ajoutant aux grands côtés ce

bre d'ouvertures des grands côtés dépend de
la longueur de la magnaguière. Au-dessous de
chaque fenêtre et au niveau du sol doit se
trouver un trou ou soupirail de cinq à six
pouces carrés ; il doit y en avoir de semblables
au plancher avec leurs correspondans au plafond, quand on n'a pas un couvert à claire-
voie *ou tant plein* que vide, ce qui vaut encore
mieux.

Les fenêtres ne doivent être fermées qu'avec
un châssis de toile, à moins qu'un froid trop
violent, un vend humide, une trop forte chaleur, un temps orageux ou les rayons solaires,
ne commandent de fermer les volets (1), et,

qu'on ôterait aux autres, on n'y plaçait qu'un rang de tables ; alors
on le conçoit sans peine, des fenêtres parallèles et plus rapprochées
tamisant l'air extérieur, le distribueraient sur tous les vers à soie
d'une manière plus égale, et des fourneaux régulièrement placés sur
toute la longueur, leur procureraient à tous le précieux avantage
d'une égale chaleur.

(1) Il serait avantageux d'avoir pour ces cas des châssis en verre
ou du moins en papier huilé, afin d'éviter l'obscurité qui, quoi qu'on
en ait dit, ne convient point aux vers à soie. Comment a-t-on pu
supposer que des chenilles, destinées à vivre en plein air et qui,
comme on le sait, prospèrent à l'état sauvage dans plus d'une province de l'Inde, soient incommodées par la lumière ? N'est-ce pas
les croire condamnées à un tourment perpétuel par le seul fait de
leur constitution, et, par conséquent, accuser ou d'ignorance ou de
barbarie celui dont toutes les œuvres proclament à l'envi la sagesse
ineffable et l'infinie bonté !

dans ce cas, il faut avoir soin de renouveler
l'air par l'action de la flamme; car, pour garantir une chambrée du froid ou de toute autre
chose, il ne faut pas la faire périr par un air
méphitique, et c'est là ce qui arriverait en
laissant les fenêtres fermées autrement qu'a-
vec le châssis de toile, si on ne le purifiait par
le moyen que j'indique. Il faut plus de bois
sans doute avec mon procédé, qu'avec celui
qu'on suit ordinairement, pour entretenir dans
la magnaguière le degré de chaleur convenable; mais cette légère dépense est toujours
largement compensée par une meilleure réussite.

Huit petits fourneaux et quatre cheminées
uniformément espacées sur le pourtour d'une
magnaguière, pour dix onces de graine, peuvent y entretenir une chaleur convenable,
même dans les jours les plus froids, en ayant
l'attention, dans ce dernier cas, de placer
quelques brasiers entre les deux rangs de tables.

Je ne détermine pas la grandeur que doit
avoir une pareille magnaguière; il suffit de
savoir que les vers à soie doivent être très-clair-
semés, et que, dans tous les âges, il doit y
avoir entre deux de ces insectes la place d'un

troisième (1). La largeur des tables doit être d'environ six pans; plus larges, elles sont moins commodes et plus malsaines. Plusieurs bons magnaguiers regardent comme fort nuisible l'usage d'en placer plus de cinq ou six l'une sur l'autre. Je ne pense pas qu'il y ait grand'chose à craindre, si les tables ne sont pas plus larges que je ne le propose, si elles ont de vingt-deux à vingt-quatre pouces de l'une à l'autre, si on a eu le soin de laisser un petit espace de deux ou trois pouces entre leurs têtes, ce qui les isole et permet à l'air de balayer les miasmes du bas en haut, et si, comme je le recommande, il y a des soupiraux au plafond ou mieux encore un couvert à claire-voie. La plus haute table doit être distante du plafond de huit pans au moins. Cette distance peut être moindre, si le toit est tant plein que vide.

Dans les deux premiers âges de leur vie, les vers à soie occupant peu d'espace, et ayant besoin d'une plus grande chaleur, soit par

(1) M. le docteur Pitaro, qui, malgré quelques bons préceptes répandus dans sa *Sétifère*, n'en mérite pas moins une place d'honneur parmi les romanciers de la magnagnerie, veut qu'on donne à chaque ver à soie une aire dont le diamètre soit toujours égal à sa longueur. Un tel espace ne leur serait sans doute pas nuisible, mais où en seraient les grands éducateurs s'il leur était nécessaire?

4

rapport à la saison, soit par rapport à leur
faiblesse, on doit construire dans la grande
magnaguière une magnaguière plus petite,
afin de n'avoir point à chauffer un vaste local
dont on n'a pas encore besoin. Dans cette petite pièce on peut faire éclore les vers à soie et
les y tenir à peu de frais jusqu'après la deuxième mue; ici encore nous croyons devoir
recommander, non pas des soupiraux au plafond, ce qui pourrait bien avoir quelques avantages sans de grands inconvéniens, mais un
couvert à claire-voie, des fenêtres avec des
châssis de toile, des cheminées et de petits
fourneaux pour répandre une chaleur partout
égale, et remédier au froid que doivent laisser introduire un couvert non plafonné et des
ouvertures fermées en toile.

En disant ce que doit être une magnaguière
pour favoriser la réussite des vers à soie, j'ai
indiqué les changemens que doivent apporter
aux leurs ceux qui, en ayant déjà, ne veulent
point ou ne peuvent pas en construire de nouvelles; chacun doit chercher à les rendre le
plus conformes que possible à celle que j'ai
décrite.

Éviter l'air humide, l'air stagnant, les rayons
du soleil, et entretenir dans sa magnaguière

un air pur, sec, suffisamment chaud et toujours légèrement agité, tels sont les objets que doit avoir en vue tout homme qui veut réussir dans l'éducation des vers à soie.

Il faut, pour indiquer le degré de chaleur dans une magnaguière telle que celle que nous avons décrite, au moins quatre thermomètres; un hygromètre pour indiquer l'humidité de l'air, et par là le moment de l'agiter, de le sécher au moyen de la flamme (1).

Le dessous d'une telle magnaguière fournit le ramier, c'est-à-dire le magasin à feuille, qui ne doit avoir que peu d'ouvertures, afin qu'elle ne s'y dessèche pas trop promptement. Un ramier doit être pavé en briques, et ce pavé devrait encore être recouvert de planches, afin de se garantir de l'humidité du sol. Un tel magasin est absolument indispensable. Il est bon d'avoir de la feuille cueillie un jour pour l'autre. Quand le temps semble vouloir se mettre à la pluie, il est prudent d'en faire cueillir pour deux et même pour trois jours. Et comment la logera-t-on, comment la conservera-t-on,

(1) Le baromètre dont la propriété est d'indiquer la pesanteur respective de l'air, et l'électomètre qui signale le plus ou moins d'électricité qui s'y trouve, sont des instrumens dont un éducateur instruit doit meubler sa magnaguière.

si l'on n'a pas les appartemens nécessaires ? Si l'on ne peut pas la loger, on ne peut pas la faire cueillir ; et comme il est d'expérience qu'un ver, qui, à la frèze (1), manque un repas, est retardé d'un jour, à quelles dépenses ne s'expose-t-on pas pour éviter celle d'un magasin à feuille ; et puis supposez que vos vers manquent plusieurs repas, non-seulement ils seront retardés d'autant de jours, mais encore appauvris : et tout cela, on pourrait l'éviter en ayant toujours de la feuille en réserve ; d'ailleurs, cueillie de la veille, elle est moins aqueuse, de plus facile digestion, moins propre à ren-

---

(1) On donne le nom de *frèze* à l'appétit des vers à soie porté à son plus haut point, et par extension à tout le temps que cet appétit dure. Chaque âge a sa frèze : celle du dernier s'appelle grande ou simplement frèze.

Il est d'expérience, ai-je dit, que le ver à soie qui, à cette époque, manque un repas sur trois est retardé, non des huit heures durant lesquelles devait le nourrir ce repas, mais de vingt-quatre ; et voici ce me semble comment ce fait pourrait être expliqué : alors le ver à soie, dans un état de complète tension, va, court, vole vers le terme de son existence, le repas qui devait entretenir et augmenter cet état lui manquant tout à coup, son être se distend, il tombe affaissé, et pour lui rendre sa tension, son activité première, pour réparer les forces que le jeûne lui a fait perdre, il ne suffit plus du repas qu'il a perdu, il faut à celui-là en ajouter deux autres. Quelques comparaisons rendront plus sensible ce que je viens de dire. Supposez qu'il faille trente livres de bois pour mettre en ébullition une quantité d'eau quelconque, si vous y en employez vingt vous approcherez du but, dix de plus vous le ferait atteindre, mais ces dix livres vous ne les aurez que huit heures après avoir dépensé les

dre humide l'air de la magnaguière; et ces avantages, on peut se les procurer aisément, puisque, sans se détériorer, elle se conserve deux, trois et même quatre jours, pourvu qu'elle soit placée dans un endroit frais où l'air ne soit pas trop agité, ce qu'on obtient en fermant les ouvertures qui doivent pourtant être ouvertes quatre ou cinq fois par jour, afin de balayer les gaz qu'elle dégage; il faut encore qu'elle ne soit pas trop entassée, et qu'on ait soin de la remuer de temps à autre, pour qu'elle ne perde pas, en s'échauffant, sa qualité nutritive.

vingt premières. Vous suffira-t-il alors de les brûler pour en obtenir le résultat que vous en auriez obtenu huit heures auparavant? Non, l'eau s'est refroidie et il ne faut plus dix livres de bois pour la mettre en ébulition, il en faut trente: vingt pour la chauffer comme elle l'était au moment où le bois a manqué, et dix pour la conduire de ce point à celui où elle doit bouillir.

A cette comparaison je vais en joindre une autre pour les personnes qui pourraient supposer qu'il n'y a pas de comparaison possible entre deux êtres de diverse nature. Supposez qu'un animal quelconque, une brebis, par exemple, tombé dans une fosse et y demeure huit jours privée de toute nourriture, pensez-vous que celle qu'elle prendra dans les huit jours qui suivront celui où elle aura été retirée de la fosse, la mettra dans l'état où elle était au moment d'y tomber? Non, il en faudra bien davantage pour réparer les ravages du jeûne. Or, le ver à soie dévore sa vie avec une telle voracité, il vit si vite que pour lui un jeûne de huit heures est peut-être plus considérable que pour une brebis un jeûne de huit jours.

CHAPITRE III.

—

DE LA MANIÈRE DE FAIRE ÉCLORE.

L'opération qui a pour but la naissance des vers à soie est on ne peut pas plus importante; c'est celle qui influe le plus sur leur réussite.

Il y a plusieurs méthodes pour faire éclore ces précieux insectes; mais toutes ne sont pas également bonnes.

On n'emploie plus depuis long-temps la chaleur du fumier, qui dans le principe fut la plus généralement employée, et dont les funestes effets ont fait abandonner l'usage.

Plusieurs personnes se servent d'un instrument de fer-blanc appelé *fourneau hydraulique* ou *castelet*. La graine, placée dans des tiroirs, reçoit, d'une certaine quantité d'eau logée dans cet instrument et échauffée par une petite lampe placée au-dessous du liquide, la chaleur

nécessaire à l'éclosion. Cette méthode est loin
d'être la meilleure : la graine, ainsi enfermée,
ne peut point transpirer librement, et les miasmes de sa transpiration ne pouvant point être
incessamment dissipés par un air pur et sec,
doivent nécessairement nuire aux vers (1).

La méthode qui consiste à faire éclore les
vers à soie au moyen de la chaleur humaine,
en plaçant la graine dans de petits linges, par
petites quantités de deux à trois onces, est fort
ancienne et bien suivie, quoiqu'elle vaille moins
encore que celle dont nous venons de parler,
puisque, dans celle-ci, il n'y a nul moyen de
rendre la chaleur toujours égale, ce qu'on
trouve dans l'autre, et que les moyens de sécher la transpiration de la graine sont à peu
près les mêmes dans les deux. L'air ne circule
pas plus dans le nouet, c'est-à dire dans la petite pelote où l'on a enfermé la graine, que
dans le petit tiroir du *castelet*; et puis le ver
éclos au fond de la pelote, ne doit-il pas se
fatiguer pour monter au-dessus? Qu'on n'oublie pas que le poids d'un ver est à un ver ce
que le poids d'un homme est à un homme.

(1) La graine perd un douzième de son poids par la transpiration :
douze onces n'en pèsent plus que onze au moment d'éclore.

Or, une graine pèse beaucoup plus qu'un ver, et que de graines à soulever pour celui qui naît au fond ou même au milieu du nouet qui en contient deux onces !....... Que d'inconvé-niens, que de défauts, que de causes de non réussite devraient faire renoncer à ce moyen ! Toutefois, je ne veux pas dire qu'un magna-guier intelligent et soigneux, qui ne mettrait que peu de graines dans de grands linges, qui aurait soin d'ouvrir souvent, très-souvent son *nouet* pour la remuer et lui donner de l'air, et qui les tiendrait toujours dans une douce chaleur, avec une progression légèrement crois-sante, ne puisse réussir avec cette méthode; ce que je dis, c'est que, pour le plus grand nombre, elle est plus ou moins funeste, et que, pour tous, elle est moins commode et moins sûre que celle de l'étuve.

Voici comment il faut agir d'après cette mé-thode que je propose de substituer à toute au-tre. J'appelle *étuve* ou *espélidou* la petite ma-gnaguière construite dans la grande (Voyez chapitre II), ou tout autre local remplissant les conditions de celui-là, dans quelque endroit qu'il se trouve.

Quand on voit que les mûriers commencent à pousser, qu'avant que le vers soit éclos la

feuille sera ce qu'elle doit être pour des chenilles qui viennent d'éclore, on détache très-
proprement la graine des linges sur lesquels
elle a été déposée. Quelques personnes, pour
ramollir l'espèce de glu qui la tient collée à
ces linges, les trempent dans l'eau ; alors elle
s'en détache plus aisément ; mais M. l'abbé de
Sauvages assure que cet avantage est plus que
balancé par l'inconvénient de rendre la graine
plus dure, et l'éclosion des vers plus inégale.
A ce témoignage, je dois opposer celui de Dandolo qui, pour cette opération, prescrit l'eau
de puits ou de citerne. Quoi qu'il en soit, la
graine détachée, lavée dans du vin et bien sé-
chée à l'ombre, est placée dans l'étuve sur un
canis recouvert d'un linge à demi usé, qu'on
aura eu soin de bien tendre, afin que la graine, qui doit être partout clair-semée, ne soit
pas plus amoncelée à un endroit qu'à l'autre.
Au moment où on transporte la graine dans
l'étuve, le thermomètre doit marquer quatorze
degrés ; on doit le tenir deux jours à ce point,
et ensuite le faire monter d'un degré chaque
jour, jusqu'à l'éclosion ; il ne faudrait pourtant
pas dépasser le vingt-quatrième, quoique l'expérience ait prouvé qu'on le peut sans inconvénient. Quand les trois quarts des vers sont éclos,

on souffle sur la graine pour en éloigner les coques vides, et puis l'on fait monter le thermomètre de deux ou trois degrés, afin de hâter la naissance du quart restant. On doit avoir un feu à chaque coin de l'étuve, pour que la chaleur s'y répande uniformément. Dès que le thermomètre y a atteint le dix-neuvième degré, il faut y placer deux plats avec quatre pouces d'eau, afin que l'air n'y soit pas trop sec ; cette précaution n'est indispensable que quand le vent du nord règne.

Un changement à apporter à cette méthode est celui que m'indiqua, il y a deux ans, un des plus intelligens éducateurs des Cévennes, et qui consiste à ne pas détacher la graine du linge sur lequel elle a été déposée ; la réflexion seule l'avait conduit à cette heureuse découverte, dont j'ai éprouvé l'excellence ; mais, depuis lors, j'ai appris que cette pratique est généralement suivie dans les Indes orientales : le savant Pitaro, dans un ouvrage publié en 1830, la présente comme la seule bonne. Et pourquoi ne l'introduirions-nous pas dans nos contrées ? Nul doute qu'en détachant la graine, un grand nombre, comme le prouve cet illustre italien, ne puisse être offensé ; nul doute que ce ne soit plus conforme à la nature ; nul doute

que le point d'appui que trouve dans la coque
adhérente le ver au moment d'en sortir, ne
l'aide puissamment dans cette opération ; nul
doute que, d'après la méthode généralement
reçue, plusieurs vers ne se fatiguent, ne s'épui-
sent au travail qu'ils sont obligés de faire pour
se débarrasser de leur coque, surtout alors
qu'ils en sortent par le derrière, ce qui n'arrive
jamais quand elle n'est pas détachée ; enfin, et
c'est ici ce qu'enseigne l'expérience, nul doute
qu'il n'en sorte plus alerte, plus vigoureux,
et cela probablement à cause du moins de fatigue qu'il a supportée pour en sortir. Cette
amélioration, à la meilleure de toutes les méthodes, apporte avec elle l'inconvénient de
laisser dans l'ignorance sur l'exacte quantité
de la graine qu'on met. Mais si l'on ne peut
pas en connaître le poids d'une manière exacte, on le connaît d'une manière très-approxi-
mative, soit par celui des cocons que l'on a
fait *grainer*, chaque livre des uns faisant à peu
près une once de l'autre, soit par l'étendue
qu'occupent les vers à soie à la première mue ;
sachant ce qu'il faut pour le produit d'une
once, rien de plus aisé que de savoir le nombre d'onces que l'on a.

Si l'on n'adopte pas cette amélioration, qu'on

ait soin de bien faire sécher la graine après l'avoir lavée. M. Pitaro présente le lavage de la graine comme lui étant très-nuisible; et pourquoi ne s'en abstiendrait-on pas, alors qu'aucun avantage ne peut en balancer les inconvéniens; et si on la défait avant l'époque où l'on veut la mettre à éclore, qu'on la conserve dans des assiettes plates, par des couches d'un demi-pouce, et dans un appartement où le thermomètre ne marque que de dix à douze degrés.

Quiconque veut faire monter les vers de cinq onces de graine, doit en mettre six, afin de ne prendre ni ceux qui naissent le premier jour, ni ceux qui pourraient naître le quatrième, et surtout pour n'être pas obligé de chercher avec trop de soin les traîneurs de la troisième et quatrième mue, qui ne sont jamais les plus vigoureux. Il ne faudrait pas se contenter de prendre la fleur aux deux premières mues; les vers étant petits, on risquerait d'en abandonner un trop grand nombre.

En se conformant à ce conseil des meilleurs magnaguiers, on a toujours des vers à soie égaux, et c'est un très-grand avantage. Pour dix onces, on doit conséquemment en mettre douze; pour vingt, vingt-quatre, et ainsi de suite. A propos de produit, on a cru qu'il était proportionnellement moindre dans les grandes que dans les petites chambrées, et c'est un fait incontestable dont la cause est dans la différence de soin. Si l'on soignait les vers provenant de cent onces d'œufs comme l'on soigne ceux qui proviennent d'une once, nul doute que le produit n'en fût cent fois plus grand.

Les vers doivent marcher avec la feuille et comme elle; si la pousse est tardive, elle sera plus rapide; alors il faut hâter leur éducation, c'est une condition de réussite. En effet, si l'on donne à de jeunes vers de la feuille trop avancée, trop dure, elle contient plus de ces matières dont ces petits animaux se débarrassent par la transpiration, qu'ils ne peuvent en expulser par ce moyen. De là les maladies, de là les désastres de 1834, de là les désastres de toutes les années où la gelée blanche a *tué* la feuille; dans ces années-là, les vers sont retardés; plusieurs personnes leur donnent de la feuille *non tuée*, la *mortalité* n'est jamais générale, et cette feuille n'étant pas du tout en rapport avec les organes et les besoins d'insectes qui viennent de naître, leur occasionne une foule de maux. L'abbé de Sauvages rapporte à l'appui de cette conjecture, que la feuille trop nourrie fait périr les chenilles des champs (1).

(1) Le Créateur, toujours admirable dans toutes ses œuvres pour éviter que par leur trop grande multiplication ces sortes de chenilles ne portassent la perturbation dans l'ordre de la nature, et ne s'exposassent à périr de faim après nous avoir fait les plus grands dégats en dépensant en quelques jours la nourriture nécessaire à leur vie, a arrêté dans sa sagesse que les individus de la même famille n'écloraient pas en même temps. Or les derniers qui éclosent périssent presque tous, par la seule raison que la feuille dont ils devaient se nourrir est trop dure et trop nourrie elle-même pour leur faible estomac. Admirons, mes chers frères, la sagesse de notre Dieu et profitons des avertissemens qu'elle nous donne.

CHAPITRE IV.

—

DE LA NAISSANCE AU SORTIR DE LA PREMIÈRE MUE, OU PREMIER AGE.

Si l'on n'adopte pas le mode que je propose et que je me félicite d'avoir adopté, si l'on veut continuer à détacher la graine, il faut, au moment où les vers éclosent, la couvrir d'un papier percé de trous, ou mieux encore d'une pièce de canevas. Là-dessus on place de petits rameaux de sauvageon autant que possible, et dès qu'ils sont couverts de ces petits insectes, on les prend avec un crochet qu'on peut faire en retroussant un peu la pointe d'une épingle, et on les pose délicatement sur le clayon ou *canis*, etc., où ils doivent accomplir leur premier âge. Ce *canis*, etc., doit être recouvert, non de papier, mais d'un vieux linge, afin de donner à l'air un plus libre passage, et par là plus d'action pour sécher la litière, dont l'humidité est si dangereuse.

Les rameaux doivent être posés de manière qu'il y ait au moins un pouce de l'un à l'autre, et en forme de bande au milieu du *canis*, afin qu'on puisse aisément éclaircir les vers des deux côtés, à mesure qu'ils grossissent. Soyez très-soigneux à cet égard; négliger d'éclaircir ses vers, c'est vouloir les perdre. Ces petits animaux respirent, ainsi que nous l'avons dit, par dix-huit trous, dont seize sont placés au-dessus de leurs pates; s'ils sont épais, leur respiration ne peut qu'être gênée. D'un autre côté, n'ayant pas de voie urinaire, ils ne peuvent se débarrasser de la grande quantité d'eau qu'ils avalent avec la feuille, qu'au moyen de la transpiration, et ils transpirent mal quand ils sont à l'étroit, quand leur respiration n'est pas libre; de là les maladies, les désastres. Enfin, pour marcher d'un pas égal, ils ont besoin de manger également, et par conséquent d'être à leur aise. Et le peuvent-ils, quand ils sont l'un sur l'autre? De là la *menudaille*, les petits, les traîneurs. Tenez vos vers clair-semés, et non-seulement durant cet âge, mais toujours depuis la coque à la bruyère. Il faut qu'à tout âge, il y ait entre

deux vers à soie l'espace nécessaire pour en loger un troisième. M. l'abbé de Sauvages observe
même que cet espace doit, d'un âge à l'autre,
suivre une progression arithmétique, c'est-à-
dire qu'au second âge, il doit être assez grand
pour en loger deux ; au troisième, trois, et ainsi
de suite. Je ne doute pas que plus d'un rou-
tinier ne rie de ces calculs ; je ne doute pas
qu'on ne leur oppose de brillantes réussites
obtenues avec des conditions contraires. Je
sais que plusieurs personnes dignes de confiance assurent avoir bien réussi en tenant leurs
vers fort épais ; mais je sais aussi qu'il a dû
falloir, dans le cours de ces éducations, des
circonstances bien favorables pour neutraliser
l'effet d'un si grave inconvénient ; je sais qu'elles auraient mieux réussi encore en se conformant à ce que la raison ordonne ; je sais que
le meilleur moyen d'avoir les cocons épais sur
la bruyère, est de tenir les vers clair-semés
sur les *canis*.

Les vers provenus d'une once de graine
doivent, au moment de faire leur première
mue, occuper un espace de cinq pans de long
sur quatre pans de large ; s'ils sont sains et
bien conduits, ils ont dû quadrupler depuis
leur naissance.

Le thermomètre, tant que dure cet âge, doit être entre le 18e et le 19e degré, et cela la nuit aussi bien que le jour. Le passage du chaud au froid est dans nos climats, où le plus grand soin peut seul l'empêcher, une grande cause de non-réussite pour les vers qui y sont exposés; ils ne passent pas impunément du 12e au 20e degré; et combien de fois n'ont-ils pas à franchir, en quelques heures, des espaces plus considérables? *Le sommeil du magnaguier est le poison des magnaguières.* Les nuits sont froides; le feu, pendant l'absence du soleil, aurait besoin de réparer la perte de chaleur occasionnée par cette absence. Mais, accablé de fatigue, le magnaguier s'endort; vainement il a eu soin de bien garnir ses feux, ils s'éteignent, la chaleur baisse, le thermomètre, qui marquait 20 à son coucher, ne marque plus, à son réveil, que 12, et cette transition, journellement reproduite, devient pour la chambrée une source de maux. Que faire pour remédier à un inconvénient dont la cause est inhérente au pays que nous habitons? Dormir pendant le jour les quelques heures que l'on consacrerait au repos durant la nuit. En changeant ainsi les momens de sommeil du magnaguier, on pourra, sans surcroît de fati-

gue, entretenir dans l'atelier la même température, et éviter, par ce moyen, les plus graves
accidens. Je suppose, on doit le voir, que quelqu'un veille dans la magnaguière pendant le
repos du magnaguier ; mais que ces quatre ou
cinq heures de repos seraient loin d'être per-
dues. Comme elles seraient largement rétri-
buées !.......

Les vers ne naissant pas tous le même jour,
il faut avoir soin d'écrire sur le bord du *canis*,
etc., le jour et l'heure de leur *levée*, afin de
faire gagner aux plus jeunes les repas qu'ils
ont de moins que les plus vieux ; on activera
leur appétit en leur faisant occuper les places
les plus chaudes.

Si la température extérieure était basse,
s'il faisait froid, si la feuille ne se développait
pas, il faudrait graduellement et insensible-
ment abaisser celle de la magnaguière de 19
à 18, 17, 16 degrés, les vers devant toujours
marcher avec la feuille et comme elle.

Le comte Dandolo fixe à quatre le nombre
de repas pour cet âge comme pour les suivans,
excepté les jours de frèze, où il prescrit des
repas intermédiaires. Bien des personnes ne
se laissent guider, à cet égard, dans les deux
premiers âges, que par l'appétit des vers. Ce

guide est bon sans doute; il ne faut pas leur
servir de nouvelle feuille avant qu'ils aient
achevé celle qu'on leur a servie, mais il ne
faut pas leur en servir non plus aussitôt qu'ils
l'ont achevée. Comme tout autre animal, le
ver à soie a besoin de digérer sa nourriture.
Les repas doivent donc avoir assez d'intervalle
de l'un à l'autre pour que le ver ait le temps
d'élaborer les substances dont il doit former
la sienne et celle de la soie qu'on en attend.
Dans les deux premiers âges, il est bon de les
leur servir un peu moins copieux et plus fréquens, et toujours avec de feuille fine, maigre,
tendre, de sauvageon, s'il est possible, cueillie
deux fois par jour, environ six heures avant
d'être servie et coupée bien menu, afin qu'elle
puisse être plus uniformément répandue,
qu'elle présente un plus grand nombre de côtés,
et qu'elle fournisse aux vers les moyens de
manger à leur aise et sans se déplacer (1). Se
laver les mains toutes les fois qu'on veut toucher la feuille, ne la couper qu'avec un instrument propre, balayer souvent la magnaguière, sont des soins qu'exige l'instinct des

(1) La feuille devant être répandue le plus également possible,
pour que les vers puissent marcher d'un pas égal, la même personne ne doit jamais la répandre deux fois de suite du même côté.

vers à soie, et qu'on ne néglige pas impunément.

Cet âge dure de sept à dix jours, selon la
température de la magnaguière. Si l'on a eu
soin de donner de la feuille tendre, fraîche,
coupée menu et par petits repas, et si d'ailleurs la chaleur a toujours été à peu près égale,
il y aura peu de litière, et elle sera verte et
sèche, condition nécessaire d'une bonne réussite, l'humidité, comme je l'ai déjà dit, étant
mortelle aux vers à soie.

Dès qu'ils sont tous endormis (*ajhassats*), on
suspend les repas qui doivent être composés
depuis la veille du jour où ils s'assoupissent
(*samaloutissou*) jusqu'au lendemain de leur
réveil (*de lus sourtide*), de la feuille la plus
fine, la plus maigre, la plus exposée au vent,
de celle que l'on cueille sur les arbres les plus
vieux et les moins vigoureux. En suivant ces
principes, on verra les vers sortir très-épais de
leur mue, quoiqu'ils le fussent peu au moment
d'y entrer, et ce *foisonnement* est le meilleur
signe de prospérité, le meilleur pronostic d'une
bonne réussite. Il convient d'en laisser sortir
la presque totalité avant de leur servir le premier repas, c'est-à-dire les rameaux qui doivent être employés à les transporter sur les *ca-*

nis où ils doivent accomplir leur deuxième âge, car on ne doit jamais les faire manger sur leur vieille couche. Il n'y aurait rien à craindre, quand même il devrait s'écouler vingt-quatre et même trente heures depuis le moment où les premiers vers sont éveillés jusqu'à celui où les derniers pourraient l'être. Si vos vers ne se sont pas assoupis trop épais, attendez le réveil de tous pour leur donner à manger, c'est le moyen de les avoir égaux. S'ils s'étaient assoupis épais, il faudrait faire une levée des premiers éveillés : on donnerait ainsi de l'air aux autres; mais il vaut infiniment mieux les laisser s'endormir au large.

Le degré de chaleur pendant la mue n'est pas chose indifférente : s'il fait trop chaud, le ver se dépouille trop promptement, et la pellicule qui tapisse ses vaisseaux respiratoires, et que l'on en voit sortir comme un fil noir, risque de s'y rompre et de les boucher. Si, au contraire, il fait trop froid, le ver séjourne trop long-temps dans la litière; alors le jeûne et l'humidité peuvent le rendre malade. 24, 30 et au plus 36 heures, tel est le temps que des vers bien conduits doivent mettre à la mue.

Dans le premier âge, les vers augmentent de quatorze fois leur poids et quatre fois leur taille.

Il en fallait, au sortir de l'œuf, 54,626 pour une once, il n'en faut plus actuellement que 3,840; ils n'avaient qu'une ligne de longueur, maintenant ils en ont quatre. Sept à huit livres de feuille ont suffi pour produire dans les vers d'une once de graine ces immenses change-mens.

Immédiatement après qu'on a levé les vers, il faut déliter (*dejhassa*) et sortir la litière de l'atelier. A la deuxième, troisième et qua-trième, il faut le faire, non-seulement quand on les a levés, mais même avant qu'ils s'assou-pissent, au moment où ils perdent l'appétit; avec cette précaution, ils font la mue beaucoup plus à leur aise. Cette opération indispensable, et par conséquent très-bonne en elle-même, faite en temps opportun, pourrait devenir fu-neste, si elle était faite à contre-temps; il faut qu'elle se fasse deux jours avant l'assoupisse-ment.

Durant le cinquième âge, on ne doit pas se borner, comme on le fait trop généralement, à déliter après la quatrième mue, et deux jours avant de ramer(1). Il faut déliter encore la veille de la grande frèze. Ce nettoiement que tant de

(1) Donner la bruyère.

causes rendent indispensable , doit donc être opéré trois jours avant celui que l'on opère en général la veille de la montée. Ces opérations sont loin d'être agréables , mais elles sont bien moins pénibles que nécessaires. Les vers à soie aiment la propreté ; de leur couche s'exhalent continuellement des vapeurs qui ne peuvent que leur nuire. Ne doit-on pas leur faire du bien en délitant? Délitez donc , ils vous récompenseront largement de vos peines , et toutes les fois que vous déliterez, à partir du troisième âge, promenez autour de vos *canis* la bouteille purifiante.

Si , durant un âge quel qu'il soit , le thermomètre , par l'effet de la chaleur extérieure , marque un degré supérieur à celui qui est prescrit pour cet âge , il faut de suite fermer toutes les ouvertures exposées au soleil, et ouvrir toutes celles que ne darderaient pas les rayons de cet astre. Les soupiraux doivent aussi demeurer ouverts du côté qui peut donner de la fraîcheur.

Si l'air est stagnant , pesant , non agité , il faut faire de la flamme aux cheminées , afin d'opérer un ébranlement dans ce fluide , et d'en établir la circulation de l'extérieur à l'intérieur, *et vice versâ*. Si cette précaution était négligée, la chaleur étouffée ferait fermenter la litière ; l'air deviendrait méphitique, et la perte de la chambrée pourrait suivre de près cette funeste négligence.

Votre hygromètre signale-t-il de l'humidité, vite du feu de flamme dans les cheminées et les fourneaux, des sarmens allumés autour de vos *canis*, et ne vous lassez pas ; ne cessez d'agir ainsi que quand votre hygromètre vous indiquera que vous le pouvez sans péril. Il est un autre moyen de sécher l'air, et ce moyen, qui joint à ce précieux avantage un avantage non moins précieux, celui de purifier, consiste à placer en divers endroits de la magnaguière des pierres de chaux vive. Chacun sait que la chaux, dans cet état, a la faculté d'absorber l'acide carbonique en même temps que l'humidité de l'air.

Un orage se manifeste-t-il, avez-vous à craindre une touffe (*caumagnasse, boubourade*), fermez vos volets, faites des feux de flamme, promenez votre bouteille purifiante, et agissez ainsi jusqu'à ce que l'orage étant dissipé, vous puissiez sans crainte rouvrir vos fenêtres, et agir comme en temps ordinaire.

7

DU MOYEN D'ASSAINIR L'AIR.

Toujours nuisible à l'animal qui le respire, l'air malsain peut être purifié par plusieurs procédés divers dont nous sommes redevables à la science chimique. L'énorme quantité de miasmes qui s'élèvent dans nos magnaguières aussitôt que les vers ont acquis un certain volume, y rend indispensable l'emploi des moyens purifians.

M. le comte Dandolo propose celui d'une composition dont voici les ingrédiens avec leurs proportions respectives :

Six onces de sel de cuisine bien pilé.

Trois onces manganèse.

Mêlez bien et mettez ce mélange dans une bouteille de verre double.

Ajoutez deux onces d'eau commune.

Dans une autre bouteille, ayez une livre et demie acide sulfurique, vulgairement appelé *huile de vitriol*, et toutes les fois qu'en entrant dans votre magnaguière, vous sentirez l'air moins agréable à l'odorat que ne l'est celui du dehors, versez-en dans la bouteille où est le manganèse jusqu'à ce qu'il en sorte une vapeur blanche ; alors promenez - la partout , ayant soin de la tenir au-dessus de votre tête pour ne pas être incommodé par la vapeur qui s'en dégage. Après deux ou trois minutes, bouchez la bouteille. L'huile de vitriol a dû produire son effet. Répétez cette fumigation au moins quatre ou cinq fois par vingt-quatre heures, à dater du 3me âge, et plus tôt s'il est nécessaire.

Si la matière se durcit dans la bouteille, délayez-la avec un peu d'eau.

Par ce moyen, vous détruisez les mauvaises odeurs,

Vous affaiblissez la fermentation de la litière,

Vous neutralisez les miasmes,

Vous augmentez l'air vital,

Et vous influez sur la santé de vos vers et, par conséquent, sur la qualité de leurs cocons.

On obtient, dit encore le comte Dandolo, les mêmes résultats, à très-peu de chose près, en remplaçant le sel et le manganèse par dix onces de nitrate de potasse (nitre du commerce) bien humide; il faut agir pour tout le reste comme dans le procédé ci-dessus.

On peut aussi assainir l'air au moyen du chlorure de chaux. C'est le procédé du fameux Labaraque. Voici comment il faut agir : Pour une magnaguière de cinq onces de graine, prenez cinq onces chlorure de chaux en poudre ; versez dans un plat contenant dix litres d'eau pure, remuez bien, passez à travers un linge, et divisez cette dissolution en six parties égales que vous placerez une à chaque angle et deux au milieu de votre magnaguière. Ce moyen, très-économique, est regardé comme excellent; mais je lui préfère de beaucoup celui de la bouteille purifiante, qui n'offre pas, comme lui, le danger d'accroître l'humidité de la magnaguière.

Les proportions de ces divers moyens sont pour une magnaguière de cinq onces; on sent que pour dix onces, elles doivent être doubles.

La chaux vive que j'indique comme moyen de sécher l'air, contribue aussi d'une manière très-puissante à son assainissement par la faculté qu'elle a d'attirer à elle l'acide carbonique. On peut se procurer toujours de la chaux vive en pierre en la privant du contact de l'air, ce qu'on fait en la couvrant de sable.... Voyez-vous dans votre magnaguière la chaux en poudre, remplacez-la par la même quantité de chaux en pierre ; ce moyen facile et peu dispendieux, puisqu'on peut employer la chaux en poudre qui n'a perdu presque aucune de ses propriétés, pourra produire sur votre chambrée le plus salutaire effet.

DE LA PREMIÈRE A LA DEUXIÈME MUE,
OU DEUXIÈME AGE.

Les vers à soie qu'on a soin de tenir clair-
semés et à une température convenable à leur
âge, ne traînent point à la mue : ils s'éveillent
(*sourtissou*) presque tous en même temps,
parce qu'ils s'assoupissent (*sajhassou*) ensemble.

Quand même ils seraient tous éveillés (*sour-
tis*), s'ils sont peu épais, comme on doit les
tenir pour en avoir *satisfaction*, il ne faut
leur donner à manger que cinq ou six heures
après ; en sortant de la mue, ils ont moins besoin de feuille que d'un air pur, sec et légèrement agité, pour sécher leur peau et durcir
leurs mâchoires.

Après ce délai, posez légèrement sur vos
vers des rameaux tendres de feuille de sauvageon ou de petite espèce, autant que possible,
et dès qu'ils y seront montés, transportez-les
proprement sur les tables où ils doivent accomplir leur second âge, et que vous avez dû recouvrir de linges propres ; faites-en une bande
au milieu du *canis*, et ayez soin qu'elle n'en

occupe d'abord que la moitié, vos vers devant doubler pendant cet âge; et pour qu'ils soient toujours au large, n'oubliez pas de l'élargir à chaque repas que vous leur donnerez.

On peut désormais couper la feuille moins menu, et fixer à quatre le nombre des repas. Vos vers changés, ôtez la litière, et une partie d'entr'eux pourra dès-lors accomplir son second âge là où tous avaient accompli leur premier. Cet âge, à la température qui lui convient, c'est-à-dire de 18 à 19 degrés, ne dure guère que sept jours; dans ce cas, le quatrième est celui de la *frèze*, et le cinquième celui où il faut *déliter* (*dejhassa*), cette opération devant se faire avant que la couche soit garnie de bave (*lou jhas blasat*). Tout, dans ce petit insecte est merveilleux, et montre à l'homme attentif la sagesse de l'Éternel. Quelques jours avant de devenir malade, il mange avec une inconcevable voracité, et cela moins pour le soutenir dans le jeûne austère qu'il va subir, que pour l'aider dans le pénible travail qu'il va entreprendre. La grande quantité de feuille qu'il dévore doit lui fournir les sucs qui donnent à sa peau l'enflure indispensable pour le changement qui doit s'opérer; la bave (*blazo*) qu'il répand sur sa couche est destinée à retenir sa dépouille en arrière quand il se portera en avant pour s'en débarrasser. Quel instinct! quelle sagesse!

La dose des repas doit toujours être réglée sur l'appétit des vers; pendant cet âge, de 28 à 30 livres de feuille suffisent au produit d'une once; et néanmoins quels changemens ne se sont pas opérés! Leur longueur, qui n'était que de quatre lignes au commencement, est à la fin de six, et leur poids cinq fois plus grand qu'il ne l'était alors. Leur couleur est gris clair, et déjà l'on aperçoit sur leur dos les deux petites lignes courbes en forme de parenthèse.

DE LA SECONDE A LA TROISIÈME MUE,
OU TROISIÈME AGE.

Dès que les vers sont bien éveillés, on les couvre doucement de rameaux de feuille fine autant que possible, et cueillie sur des arbres vieux plantés dans le terrain le plus maigre, et dans les endroits les plus exposés au vent; puis, au moyen de petites planchettes de deux pans de long sur un pan et demi de large,

ayant un rebord d'un pouce sur trois de leurs
côtés, on les transporte de la petite dans la
grande magnaguière; en appuyant sur le *canis*
le côté de la planchette où il n'y a point de
rebord, on peut les y faire glisser sans peine
et sans danger pour eux.

On doit avoir chauffé la grande magnaguière
avant d'y transporter les vers qui, pendant
cet âge, doivent être tenus à une température de 17 à 18 degrés; un peu de paille
foulée remplace dorénavant les linges nécessaires pour les deux premiers âges. Les derniers éveillés doivent rester dans la petite magnaguière après qu'on l'a bien nettoyée, afin
qu'on puisse, au moyen d'un peu plus de chaleur et de quelques repas intermédiaires, leur
faire atteindre les premiers.

Plusieurs bons magnaguiers, à dater de ce
jour, ne coupent plus la feuille, et ne donnent que trois repas à huit heures d'intervalle
l'un de l'autre. J'ai déjà dit plusieurs fois qu'il
fallait chaque jour éclaircir les vers à soie, pour
qu'ils pussent manger, se mouvoir, respirer
et transpirer à l'aise; et néanmoins je le répète
encore, tant je crois cette précaution indispensable à la prospérité de ces insectes. Devant
doubler pendant cet âge qui, à la température

indiquée, s'accomplit dans huit jours, les vers formant une bande au milieu du *canis*, ne doivent en occuper que la moitié au moment où on les y transporte. En sortant de la troisième mue, et avant d'avoir pris aucune nourriture, les vers, d'un blanc jaunâtre, sont beaucoup plus gros qu'ils ne l'étaient avant de s'assoupir ; leur longueur, de six lignes immédiatement après la deuxième, est de douze après celle-ci. Leur poids a quadruplé dans la même période; alors il en fallait 610 pour une once, maintenant il n'en faut que 144; quatre-vingt-dix livres de feuille suffisent pour opérer ces changemens dans le produit d'une once.

—

DE LA TROISIÈME A LA QUATRIÈME MUE,
OU QUATRIÈME AGE.

En sortant de la troisième mue, les vers à soie, transportés ainsi que nous l'avons dit sur les *canis* où l'on veut leur faire accomplir leur quatrième âge, ne doivent d'abord en occuper qu'un tiers, attendu qu'ils triplent pendant cet

8

âge, et qu'il faut qu'ils soient toujours à l'aise pour pouvoir réussir.

Cet âge, durant lequel les vers d'une once mangent environ 240 livres de feuille, croissent de six lignes et quadruplent leur poids, s'accomplit en huit jours à la température qu'il exige, c'est-à-dire de 16 à 17 degrés.

Les vers commencent à transpirer beaucoup, et déjà même par un temps serein, mais calme, l'hygromètre signale de l'humidité dans la magnaguière. Ayez recours à la flamme, à la chaux vive. N'oubliez pas que vos vers ont besoin d'avoir constamment la peau assez sèche pour se contracter, afin de pouvoir se vider, et que l'humidité qui la distend est le plus grand ennemi de ces insectes. Toutes les fois que vous leur donnerez à manger, alors même qu'il n'y ait pas nécessité de sécher l'air, faites un feu léger dans chacune de vos cheminées; la flamme leur fait un bien sensible dans toutes les circonstances de leur vie. Renouvelez souvent l'air, ouvrez vos fenêtres et vos portes toutes les fois que la température extérieure pourra vous le permettre; et dans le cas où elle s'y opposerait, opérez ce renouvellement par la flamme dans les cheminées et par la bouteille purifiante.

Dans une magnaguière bien dirigée, l'air intérieur doit, à cause de la feuille, être plus agréable à l'odorat que celui du dehors. Et cette bonne odeur n'atteste pas seulement les soins du magnaguier, elle atteste encore la santé de la chambrée, et par cela même est un pronostic de réussite. A cet âge se manifeste chez des vers sains et vigoureux une frèze assez considérable; à la température sus-indiquée, elle a lieu le cinquième jour, et le sixième est celui où il faut déliter.

——

DE LA QUATRIÈME MUE AU MONTER,
OU CINQUIÈME AGE.

Toute personne, en élevant des vers à soie, aspire à avoir des cocons; son attente est trompée, si elle ne réussit pas. Eh que de causes de non réussite! que d'attentions, que de peines, que de veilles nécessitent la couvaison des œufs et l'éducation des vers dans leurs deux premiers âges! Et ces peines, ces soins seraient entièrement perdus, si l'on se relâchait dans les deux qui les suivent, et surtout si l'on ne redoublait d'attention pendant les dix ou douze jours qui séparent la dernière mue du moment où ils ont terminé leur cocon. Un magnaguier prudent doit donc, pendant le cinquième âge, soigner ses vers avec d'autant plus d'exactitude et d'attention, que de ces soins peuvent dépendre son profit ou sa perte. Les vers à soie qui périssent jeunes n'ont pas fait des dépenses; mais ceux qui périssent au moment de produire emportent avec le prix de la feuille celui des travaux qu'ils ont nécessités.

A mesure que les vers grossissent, on voit se déclarer contre eux des ennemis qu'on doit vaincre sous peine de voir nos plus légitimes espérances s'évanouir avec la vie des insectes qui devaient les réaliser.

Ces ennemis sont : 1° l'énorme quantité de vapeurs aqueuses (d'humidité) qui se dégagent soit de ces petits animaux par la transpiration, soit de la feuille qu'on leur distribue, par l'évaporation que rend plus active la chaleur de la magnaguière; 2° le gaz acide carbonique, l'air méphitique, non propre à la respiration, qui se dégage de la feuille, des vers et de leurs excrémens (*pecolos*).

A ces deux ennemis, créés par les vers eux-mêmes, et que par conséquent on doit toujours combattre, parce qu'ils existent toujours et en tous lieux, peuvent s'en joindre accidentellement deux autres dont les coups sont aussi fort meurtriers: je veux parler de la qualité humide et chaude de l'air extérieur et de l'électricité qui, dans des temps orageux, y existe en grande quantité.

Persuadé que le point important n'est pas de connaître comment ces divers ennemis attaquent nos chambrées, mais bien de savoir se mettre à l'abri de leurs coups, nous allons nous borner à dire ce qu'il convient de faire pour se soustraire à leurs attaques.

PREMIER ENNEMI.

L'humidité provenant de la transpiration des vers et de l'évaporation de la feuille.

On a observé que quand le vent du nord souffle, la réussite des vers à soie est à peu près générale; que le contraire a lieu, quand c'est le vent du sud (*lou mari*), et que c'est presque toujours dans le cinquième âge que périssent les chambrées des magnaguiers ignorans, qui n'ont pas su se préserver de l'humidité intérieure, augmentée par celle du dehors. Ces petits insectes pour qui la contractilité

des muscles et une transpiration continuelle
sont des conditions nécessaires de santé, et
par conséquent de réussite, se trouvant tout
à coup plongés dans une espèce de bain de vapeur, qui, distendant leurs fibres, relâchant
leur peau, ramollissant tout leur être, leur ôte
la faculté de transpirer et d'expulser leurs
excrémens, et par là les force à garder dans
leur corps des matières qui ne sauraient y sé-
journer sans leur nuire, périssent, quelque
vigoureux, quelque sains qu'ils fussent auparavant. Votre hygromètre signale-t-il de l'humidité dans vos magnaguières, employez contre ce terrible ennemi les moyens que nous
avons indiqués pour le vaincre. (Voyez chapitre IV, à la fin.)

DEUXIÈME ENNEMI.

L'air malsain ou méphitique.

L'air, dans vos magnaguières, est-il vicié,
gâté ? Et ici n'ayant pas de moyens de s'en convaincre, à moins de se procurer l'*eudiomètre*
inventé par M. Bellani, physicien de Milan,
on doit toujours le supposer tel ; il vaut mieux
pécher par trop de précautions que par trop
peu. Alors employez la bouteille purifiante
(Voir chapitre IV, à la fin); promenez-la sou-

vent autour de vos *canis*, et laissez-la même ouverte, tantôt à l'un des coins de votre atelier, et tantôt à l'autre ; ayez soin de faire renouveler l'air intérieur, soit par les soupiraux, soit par les fenêtres, en ôtant les châssis, si le temps est beau, soit par la flamme dans les cheminées, s'il ne l'est pas, soit enfin par tous ces moyens à la fois, si le cas l'exige.

Jusqu'ici bien des personnes ont cru purifier l'air de leur magnaguière, en y brûlant quelques substances végétales, dont la combustion répand une odeur qui flatte l'odorat. Ce procédé n'est pas seulement inutile, il est nuisible en ce qu'il produit un effet tout contraire à celui qu'on croyait en obtenir. Sans doute, après avoir brûlé du thym, du serpolet, du romarin, du genièvre, etc., l'on sent dans la magnaguière une odeur différente de celle qu'on y sentait avant d'avoir brûlé ces substances; mais pourquoi ? parce que la dernière odeur domine et masque la première. Loin d'être plus pur, l'air est plus malsain : car cette combustion de végétaux odoriférans a consumé de l'air vital (oxigène) et dégagé de l'air méphitique (acide carbonique), qui nuit étrangement aux vers qui le respirent. Le vinaigre qu'on répand sur des corps en état d'incandescence produit le même effet.

TROISIÈME ENNEMI.

L'humidité de l'air extérieur.

Nous avons déjà dit que des vers à soie et de la feuille qu'on leur donne s'exhale une grande quantité de vapeurs aqueuses qui rendaient l'air de la magnaguière humide par un temps serein. Que ne doit-ce pas être quand à cette humidité intérieure vient se joindre celle de l'extérieur ?... La bouteille purifiante, des feux de flamme non-seulement aux cheminées, mais à tous les fourneaux et autour des *canis*, la chaux vive placée en abondance dans tous les coins de l'atelier, tels sont les moyens que vous devez mettre en œuvre pour combattre l'humidité de votre magnaguière. Agissez, agissez avec courage, et n'oubliez pas que vous devez vaincre cet ennemi redoutable, sous peine de voir périr votre chambrée sous ses terribles coups. Un air pur, sec, suffisamment chaud et légèrement agité, sont les condition nécessaires d'une bonne réussite.

QUATRIÈME ENNEMI.

L'électricité qui se trouve en grande quantité dans l'air atmosphérique dans les temps orageux.

L'électricité joue un très-grand rôle dans la nature, et néanmoins elle est encore bien peu

connue. Toutefois on n'ignore pas qu'elle con-
court à la prompte putréfaction des viandes ;
qu'elle fait tourner le lait qu'on vient de traire,
et ce qu'on sait bien aussi, c'est qu'il est fort
dangereux que le tonnerre gronde et surtout
qu'il éclate au moment où l'on vient de ramer
(*embruga* ou *embruca*); alors les vers tombent,
et leur chute que l'on attribue généralement
au bruit de la foudre, n'est que le résultat de
l'effet qu'a produit sur eux l'électricité dont
la foudre est la conséquence. L'abbé de Sauvages démontre que, par un temps serein, les
plus violentes secousses imprimées à l'air de la
magnaguière, ne produisent sur eux aucun
fâcheux effet. Or, n'est-il pas naturel de conclure que c'est à l'électricité dont le tonnerre
indique la présence, et non au tonnerre lui-
même, que sont dus les désastres qui trop souvent ont lieu dans les chambrées mal condui-
tes. Et ce qui nuit tant au ver à soie à une certaine époque de sa vie, ne doit-il pas lui nuire
toujours ?....

Si donc vous voyez se former un orage assez près de vous pour que vous puissiez en
craindre les effets, agissez comme il vous est
prescrit à la fin du quatrième chapitre, et n'attendez pas pour agir que la foudre ait éclaté ;

9

car alors une partie du danger n'existe plus,
chaque coup de tonnerre, chaque éclair ten-
dant à détruire l'amas d'électricité qui le cons-
titue et duquel il résulte. Avant que l'orage
se décide la touffe se fait sentir, le temps est
bas, lourd, pesant, la chaleur suffocante.
C'est le moment de se mettre à l'œuvre et le
cas de travailler avec ardeur.

Maintenant que nous connaissons les moyens
de vaincre les ennemis de nos insectes, voyons
comment nous devons les conduire de la quatrième mue au moment où ils doivent monter.

Pour accomplir cet âge durant lequel ils dou-
blent, il faut au produit d'une once 200 pieds
carrés de tables, et environ quinze quintaux
de feuille, n'en ayant mangé que le tiers pendant les quatre premiers, et vingt-deux quintaux et demi étant nécessaires dans tous les
pays où l'on n'a pas une feuille fine et peu
chargée de mûres, pour conduire ce produit,
s'il a été bien soigné, de la coque à la bruyère.

Après avoir proprement placé les vers sur
une bande au milieu du *canis* où ils doivent
accomplir leur cinquième âge, il faut aussitôt
déliter pour préparer la place de ceux qui doivent l'accomplir là où ils ont fait la mue. Pendant cette opération, promenez la *bouteille pu-*

rifiante, ouvrez les châssis si le temps est sec et serein ; sinon, faites de la flamme à vos cheminées.

Donnez-leur trois ou quatre repas, selon que vous le voudrez, et mesurez-en la dose sur leur appétit. Il est fort important de ne pas trop les rassasier pendant les jours qui suivent la mue, si l'on veut leur voir acquérir une constitution vigoureuse. Comme aussi il est toujours essentiel de leur donner le temps de digérer leur repas pour qu'ils en puissent bien élaborer les diverses substances. Faire de la flamme dans les cheminées toutes les fois qu'on leur donne à manger, est une excellente pratique qu'on fera bien de suivre. Si l'air extérieur est humide, les feux de flamme doivent être continuels, mais beaucoup plus petits, afin de ne pas lui communiquer un trop fort mouvement.

A la température de quinze à seize degrés, température prescrite pour cet âge, les vers monteront le neuvième jour ; dans ce cas, il faut déliter le cinquième et le huitième, c'est-à-dire la veille de la grande frèze et celle du jour où l'on doit ramer. Si le temps était humide, il faudrait, pour prévenir la fermentation de la litière, et par là les terribles mala

dies qu'elle engendre, opérer un troisième délitage entre les deux derniers ; on déliterait,
dans ce cas, quatre fois durant cet âge, c'est-
à-dire le premier, le quatrième, le sixième et
le huitième jour après la mue. Pitaro veut qu'à
tout âge, et dans toute circonstance, on délite
tous les deux jours.

L'ingénieux moyen par lequel ce savant italien opère ses délitages me paraissant devoir
simplifier cette opération dans une magnaguière qui lui serait appropriée, et exercer
dans tous les cas une salutaire influence sur
la santé des vers, et, par conséquent, sur la
réussite de nos chambrées, je crois devoir con-
sacrer quelques lignes à le faire connaître. Ses
canis, dont le fond est de fil de fer tressé en
mailles de 7 à 8 lignes de diamètre, sont parfaitement égaux entre eux, et ont un rebord
dont la hauteur ne dépasse pas 18 lignes. Veut-
il déliter, il place un *canis* propre et recouvert
de feuilles sur celui dont il veut opérer le délitage. Les vers de ce *canis*, attirés par l'odeur
de la feuille qui se trouve sur l'autre, l'aban-
donnent avec empressement ; quand il n'y en
reste plus, il le retire, le nétoie et l'emploie au
même usage en le faisant servir de couvercle
à un autre *canis*. Cette opération a, comme il

est aisé de s'en apercevoir, la plus exacte ressemblance avec le mode généralement employé pour recueillir ces petits insectes au moment qu'ils viennent d'éclore. — Dans celui-ci, un papier criblé de trous, une pièce de tulle ou de canevas sont ce qu'est dans celle-là le *canis* à claire-voîe. — M. Benjamin Cauvi, dans le chapitre qui termine sa *Méthode perfectionnée*, indique comme un perfectionnement à apporter dans l'éducation des vers à soie le même procédé que celui du docteur italien. L'a-t-il inventé ? nous devons le croire, et dans ce cas ce sont deux témoignages en faveur du même procédé; deux voix compétentes qui réclament la même innovation. Si la mienne pouvait être de quelque poids, je la joindrais avec plaisir à celle de ces deux éducateurs, et, comme eux, j'indiquerais à mes concitoyens l'amélioration qu'ils indiquent. Cette amélioration est dispendieuse sans doute, mais doit-on reculer devant une légère dépense quand son premier résultat doit fournir à celui qui consent à la faire, le moyen d'en être défrayé. Et d'ailleurs cette dépense serait-elle bien grande, si, comme le dit M. Cauvi, on remplaçait le fil de fer par du filet de chanvre, du roseau, de l'osier, des côtes de châtaignier, de saule ou de tout autre

arbre selon les localités. Et le plus grand avantage des *canis* à jour ou à claire-voie ne serait
pas la facilité du délitage : combien ne contri-
bueraient-ils pas à la santé et par là même à
la réussite des vers à soie en leur procurant
celui de n'avoir jamais qu'une très-faible couche et une couche toujours sèche. Or, nous
savons combien leur sont préjudiciables les vapeurs méphitiques qui se dégagent incessamment d'une couche en fermentation. Ce mode
d'éducation auquel se rattachent de si précieux
avantages, paraît joindre à l'inconvénient de
laisser passer quelques vers à soie à travers les
mailles des *canis*, celui de laisser tomber sur
ceux d'un *canis* inférieur les excrémens de ceux
qui sont placés immédiatement au-dessus. Ces
deux inconvéniens sont sans remède; mais ils
ne me paraissent pas fort dangereux. Pour les
deux premiers âges il faut des *canis* à mailles
plus étroites; on peut toutefois se servir de
ceux dont on se sert pour le dernier âge en les
recouvrant d'un réseau de filet. Au reste, je
n'ai jamais fait de ce mode d'éducation aucune
expérience; ce n'est encore pour moi qu'une
simple théorie que je propose d'éprouver au
creuset de la pratique. M. Cauvi pense qu'avec
des *canis* de ce genre et de trois pieds de large

sur le double de long, adossés l'un à l'autre
pour profiter de l'espace, deux personnes pourraient, en quatre heures de temps, déliter les
vers à soie provenus de 12 onces d'œufs au
dernier âge de leur vie.—L'économie de temps,
au moment où le temps est si précieux, milite
fortement en faveur de cette réforme, qui, au
moyen d'un tiers de *canis* de rechange, permet-
trait de déliter tous les deux jours, et, par conséquent, de tenir les vers à soie dans l'état de
propreté que leur santé réclame et que leur
réussite exige.

Quarante-huit heures avant leur maturité,
les vers ont atteint leur plus grande grosseur;
on en voit de quarante lignes de longueur, et
en général les six pèsent une once. Dès ce
jour, leur appétit diminuant, leur poids et
leur volume diminuent aussi à raison de l'é-
tonnante quantité d'exhalaisons qui sortent de
leur corps, et qui n'y sont plus remplacées.
Trois cent-soixante vers, parvenus à leur plus
haut point d'accroissement, pèsent trois livres
trois onces et demie. Deux jours après, ils ne
pèsent plus que deux livres sept onces. Que de
mal produisent ces exhalaisons quand l'effet
n'en est pas détruit par les moyens que j'indique, et voilà pourquoi tant de chambrées pé-

rissent après avoir donné les plus belles espérances. Il est infiniment dangereux, qu'on ne
l'oublie point, de ne pas tenir l'air doucement
agité dans les magnaguières, attendu que c'est
un des meilleurs moyens de prévenir les funestes effets de l'humidité qui y règne, en entraî-
nant au dehors les vapeurs qui s'exhalent des
vers, de leur litière et de la feuille. Une précaution qu'il faut avoir bien soin de ne pas négliger non plus, c'est de donner aux vers, dans
les deux jours qui précèdent leur maturité, la
feuille la plus fine, la plus maigre que l'on
puisse avoir. De cette précaution peuvent résulter de très-grands avantages.

CHAPITRE V.

—

DU RAMAGE (1).

Le ramage et les soins qu'exigent les vers à soie jusqu'au moment où ils ont terminé leur cocon, forment la dernière et la plus critique période de leur cinquième âge. En effet, c'est celle où l'intelligence, l'exactitude, le savoir-faire sont le plus indispensables; celle où l'ignorance et la paresse peuvent avoir les plus funestes résultats.

Si mon but avait été d'écrire l'histoire de ces précieux insectes, je n'aurais pas négligé, comme je l'ai fait jusqu'ici, la description des nom-

---

(1) Je donne le nom de *ramage* à l'action qu'exprime le verbe *ramer* dont je me sers dans ce chapitre pour désigner celle qui consiste à donner aux vers à soie le bois, la bruyère, les rameaux sur lesquels ils doivent bâtir leurs cocons. Ces deux termes ne sont pas, dans ce sens, plus français l'un que l'autre, mais pourquoi ne les franciserait-on pas ? n'expriment-ils pas des idées nécessaires ?

breux phénomènes qu'offre aux yeux de l'observateur le moins attentif leur éphémère existence, et je n'omettrai pas en ce moment celle de leur maturité; mais j'ai voulu seulement indiquer les moyens de rendre leur réussite moins casuelle et plus abondante, et pour atteindre ce but, je n'ai pas plus besoin de faire parade de science en parlant de ce qui ne saurait y conduire, que d'apprendre aux magnaguiers ce que nul d'entre eux n'a besoin de savoir, ou ce que tous connaissent par leur propre expérience.

Pour produire un bon cocon, le ver à soie ne doit être presque plus composé que de deux substances, la substance animale et la substance soyeuse. Je dis presque plus, car dans le vers le plus sain se trouvent des matières alcalines, acides et terreuses. Ces matières n'agissent pas les unes sur les autres tant qu'elles sont en petite quantité, et que, par l'action de la vitalité, elles sont tenues à une assez grande distance pour que l'affinité chimique ne puisse point s'exercer sur elles; mais quand ces matières que le ver avale avec la feuille dont il se nourrit, ou aspire avec l'air qui l'entoure, se sont accumulées dans son corps par le défaut de transpiration, alors elles agissent avec une force telle que quelques instans suffisent pour changer sa substance, le convertir en un composé incorruptible, en faire un *muscardin*; c'est surtout à l'époque où il verse sa soie, qu'il est le plus exposé à l'action des agens chimiques. Alors sa vitalité diminue, les matières se rapprochent, et pour peu qu'elles soient accumulées par le manque de soins, il succombe sous l'effet de leur combinaison, et c'est ainsi que s'évanouissent trop souvent les plus légitimes espérances. Les vers mûrs, il faut ramer, et le faire de telle sorte, que les cabanes n'aient pas plus d'un pied de largeur, afin que les vers n'aient trop de chemin à faire, que la bruyère ne soit pas trop épaisse, pour que l'air puisse y circuler librement, et l'insecte s'y loger sans peine; enfin, que les rameaux, ouverts en évantail, forment une courbe qui les unisse d'une cabane à l'autre, au-dessous du *canis*, et ne soient jamais placés de manière à exposer les vers à périr en tombant sur le carreau.

Les distributeurs de feuille (*lous aribaires*) doivent suivre ceux qui donnent le bois; mais ils ne doivent en distribuer que peu, l'appétit des vers ayant beaucoup diminué, et leurs forces digestives baissé à tel point, que leurs excrémens ont presque la couleur et le goût de la matière dont ils sont formés; ce qui démontre qu'elle n'a pas été décomposée dans leur corps.

Nous touchons au but, nous sommes près du port, mais nous n'y sommes pas entrés. Voici le moment de faire une sérieuse attention à deux choses bien essentielles : la première, d'approcher de la bruyère les vers mûrs; la seconde, de distribuer souvent quelques feuilles à ceux qui ne le sont pas encore. Ces soins peuvent avoir les plus grands résultats. Le ver ne monte que quand il n'a plus besoin de manger; et chose extraordinaire, mais que j'affirme après le comte Dandolo, pour l'avoir observée comme lui, il en est qui mangent avec fureur, même après leur maturité, et qui périssent gorgés de feuille, alors qu'ils auraient fait un bon cocon, s'ils avaient été placés sur le bois par la main d'une personne vigilante.

Pendant ces derniers jours, que les thermomètres et les hygromètres (1) soient souvent consultés. Chassez avec soin de votre magnaguière l'air humide, froid ou méphitique; que

_____

(1) Il est est essentiel que ces instrumens soient exacts. M. Rouquette, opticien à Nîmes, en fabrique d'excellens. On fera bien de se pourvoir chez lui.

la température s'y maintienne entre 16 et 17 degrés.

Un air froid durcit la matière soyeuse au point que, ne pouvant pas passer par les filières rapetissées par la même cause, le ver tombe et devient court (*courcho*); un air humide l'empêche de contracter sa peau , et par conséquent d'évacuer ses excrémens et de vomir sa soie; et ce n'est pas encore là tout le mal qu'il produit : en lui enlevant le pouvoir de transpirer, il engendre la muscardine et l'épidémie des morts blancs ou flats (*des tripes*). Un air vicié est toujours funeste. Nous avons indiqué au premier paragraphe du quatrième chapitre le moyen de détruire les causes de non réussite, qu'on ne néglige pas d'en faire usage. Dandolo veut qu'on ôte la litière à mesure qu'on rame. Je crois qu'il est plus convenable de le faire la veille du jour où l'on doit ramer.

Trente ou trente-six heures après avoir ramé, si la chambrée a été bien conduite, et si d'ailleurs on a eu soin de placer sur le bois les vers mûrs, et de donner souvent quelques feuilles à ceux qui ne l'étaient pas, il ne restera que peu de vers dans les cabanes. Il convient alors de les en retirer et de les porter dans une chambre sèche où le thermomètre soit entre le dix-huitième et le dix-neuvième degré; là on doit leur donner en même temps de la feuille et du bois : c'est le moyen d'en tirer le meilleur parti possible. Si l'on n'a pas d'appartement pour les loger, il faut, après les avoir bien séchés et échauffés au soleil, les ramer dans un coin de la magnaguière. L'abbé de Sauvages prescrit de les laver avec de l'eau fraîche avant de les exposer au soleil. Je ne pense pas que cette précaution soit indispensable à leur réussite, mais je ne crois pas non plus qu'elle puisse leur nuire.

Des vers sains et vigoureux, dans une magnaguière sèche et à une température de 16 à 17 degrés, ont terminé leur cocon en trois jours et demi, et plus tôt, si la température est plus élevée; il leur faut plus de temps, s'ils ne sont pas bien sains, s'ils sont exposés au froid ou à l'humidité; mais dans ce cas même, six ou sept jours après que les derniers auront été enlevés des cabanes, on pourra *déramer*; quand les cocons sont faits, rien ne presse tant que de les vendre. La chrysalide se sèche; et dans les quatre premiers jours qui suivent celui où ils auraient pu être vendus, jour que je fixe au septième à dater du *déramage*, ils

perdent trois pour cent de leur poids ; dans
les jours suivans, la perte est proportionnellement beaucoup plus considérable : 1,000 livres
de cocons à une température comme celle que
j'indique pour cette période du cinquième âge,
n'en pèsent plus que 925 dix jours après qu'ils
ont été déramés. On voit par là combien il est
avantageux d'avoir des vers égaux , afin que
l'on puisse les ramer ensemble et vendre leur
produit le même jour.

CHAPITRE VI.

—

MANIÈRE DE FAIRE LA GRAINE.

Une opération très - importante dans l'éducation des vers à soie, est celle qui a pour objet d'en obtenir les œufs.

Il faut pour cela choisir à la partie supérieure de la bruyère des cocons d'un tissu fin, bien fait, de moyenne grosseur, forts aux deux bouts et serrés par le milieu ; ce sont ceux qui donneront les papillons les plus robustes, ayant été produits par les vers les plus vigoureux. Toutefois, l'épaisseur du cocon dépendant toujours de la quantité de matière soyeuse accumulée dans les réservoirs de l'insecte, on conçoit que deux vers également forts puissent faire des cocons bien différens en force, selon que la matière résineuse aura été plus ou moins abondante dans la feuille dont on les a nourris. Il est néanmoins prudent de choisir les plus étoffés, bien que quelques expériences semblent établir que la force du cocon n'influe en rien ni sur la force fécondante du mâle, ni sur les œufs de la femelle.

Deux années de suite, en 1834 et en 1835, j'ai fait grainer des cocons faibles, peu étoffés et mal bâtis (*des peaux*); en voyant la beauté des papillons, la grosseur des femelles et l'agilité des mâles, j'augurai bien de leur produit. Les œufs qui en résultèrent répondirent, on ne peut mieux, à mon attente, et les vers à soie issus en 1835 de ceux de 1834 ont parfaitement réussi. Ceux qui proviendront cette année-ci des œufs de l'année dernière réussiront-ils également? je n'en doute pas, malgré l'opinion vulgairement admise que les vers à soie provenus de cette espèce d'œufs ne réussissent qu'une année; comme si les mêmes causes ne devaient pas toujours produire des effets identiques; ou bien comme s'il était démontré qu'un bon ver à soie ne peut pas être le père d'un ver à soie robuste, par cela seul qu'il est fils d'un père qui ne l'était pas. Divers auteurs ont prétendu que du ver à soie qui n'avait produit qu'une *peau* devait naître un papillon plus robuste que de celui qui avait produit

11

un bon cocon, par cela même que ce dernier avait dû s'épuiser davantage, soit pour élaborer, soit pour vider la matière soyeuse. Cette raison paraît spécieuse, et je la comprendrais, si le peu de force du cocon était due à l'absence du principe muco-résineux dans la feuille dont on aurait nourri le ver à soie; mais si le peu de force du cocon dépendait de la faiblesse du ver à soie, je ne la concevrais plus. Et toutefois, j'ai deux expériences qui prouvent que les papillons sortis de cocons faibles, mal étoffés et mal bâtis, dus à des vers à soie nourris à la même table que ceux qui en ont produit d'excellens, ne le cèdent en rien à ceux qui sont sortis des meilleurs de cette espèce. Cultivateurs éclairés, faites des expériences. Quel avantage ne serait-ce pas, si de nos mauvais nous pouvions en obtenir de bons œufs!

Quant à la couleur, il est naturel que l'on donne la préférence à celle que les fileurs préfèrent. Les vers à cocon blanc, que l'on croit à tort plus délicats que les autres, m'ont toujours également réussi. Je les ai trouvés plus prompts, soit aux mues, soit à la montée, tellement que je leur donnerais la préférence, alors même que leur produit ne serait pas de meilleur cours.

Dans une chambrée bien conduite, on pourrait s'éviter la peine de choisir les cocons de
graine; on peut se dispenser au moins de les se-
couer un à un pour s'assurer que la chrysalide
est en vie. Au reste, cette opération n'étant
qu'ennuyeuse quand elle est inutile, c'est à chacun à voir s'il veut y renoncer.

Le cocon le plus petit, le plus pointu, le plus
serré dans le milieu, contient ordinairement un
mâle, et le plus rond aux extrémités, le plus
gros, celui en qui l'anneau du milieu ne paraît
presque pas, contient une femelle. Cependant
l'expérience a prouvé que ces signes n'étaient
pas infaillibles. Les cocons choisis, il faut en
ôter la bave qui ne pourrait qu'entraver le papillon, et les placer aussitôt, par couches de
trois pouces au plus, sur des *canis*, dans un
appartement sec, aéré, et où le thermomètre
soit toujours entre le quinzième et le dix-huitième degré. A une température plus élevée,
la transformation de la chrysalide en papillon
est trop précipitée, et, dans ces cas, les accouplemens sont moins féconds. Si au contraire,
la chaleur est au-dessous de 15 degrés, le développement du papillon a lieu trop lentement,
et sa constitution en souffre. Il faut, pour qu'il
soit vigoureux, qu'il naisse dans les conditions
et à la température ci-dessus indiquées.

Les cocons que l'on croit contenir les mâles ne doivent point être mêlés avec ceux que l'on suppose contenir des femelles, afin que les accouplemens n'aient pas lieu sans la volonté de l'éducateur. La chambre où naissent les papillons ne doit avoir que le degré de clarté strictement nécessaire pour vaquer aux soins que leur naissance rend indispensables ; car , appartenant à l'espèce appelée *phalène* ou *papillon de nuit*, ils perdent leur force par le battement des ailes lorsqu'ils sont au grand jour.

Les femelles avant d'être accouplées doivent demeurer deux heures placées sur un linge perpendiculairement suspendu, afin qu'elles se vident de cette matière jaunâtre qu'elles contiennent, et qui ne pourrait qu'affaiblir la matière fécondante du mâle. Ici la plus grande exactitude est nécessaire. Il faut non - seulement quatre linges différens pour faire évacuer les femelles des quatre levées qu'on peut faire de cinq à neuf heures, et autant pour les mâles qu'on doit lever en même temps; mais encore quatre tables recouvertes d'un linge, sur lesquelles on placera les papillons pour les y accoupler, et qu'on transportera aussitôt dans la chambre où l'on voudra faire déposer les œufs, et qui doit être sèche, obscure et à une température de 15 à 17 degrés. Pour éviter toute méprise, il est indispensable que les linges et les tables soient numérotés. Les papillons des linges n° 1 seront accouplés deux heures après y avoir été mis sur la table portant le même numéro, et ainsi des autres.

Il faut, autant que possible, ne faire servir le mâle qu'une fois; et si l'on est forcé de le faire servir deux, il faut avoir soin de n'employer que les plus vigoureux, qu'on doit tenir en réserve dans un endroit passablement frais et bien obscur.

Aussitôt après l'accouplement, on voit le mâle agiter ses ailes, et répéter de quart d'heure en quart d'heure ces battemens qui vont quelquefois jusqu'à cent trente, et que Malpighi assure appartenir à l'acte de la fécondation. Après avoir resté environ six heures accouplée, la femelle doit être prise doucement par les ailes, et placée sur le linge où l'on veut lui faire déposer ses œufs, et qui doit être un peu retroussé au fond, afin de recevoir ceux qui ne seraient pas bien adhérens ou qui tomberaient de la femelle. Quarante ou quarante-huit heures suffisent pour la ponte. Une femelle vigoureuse donne, dans cet espace de temps, de 400 à 450 œufs; et, par conséquent,

90 que l'on doit en supposer dans chaque livre de cocons, doivent en donner une once, qui peut être recueillie sur une surface de sept à huit pouces carrés.

Il faut toujours avoir soin d'enlever les cocons des *canis* à mesure que les papillons en sortent, pour empêcher la corruption de l'air dans la chambre où ils se trouvent. Lorsque les œufs ont acquis la couleur gris d'ardoise, et que les linges sur lesquels ils ont été déposés sont bien secs, il faut les rouler de manière que l'air puisse y trouver passage, et les suspendre, enveloppés d'une toile neuve et peu serrée, dans un lieu où la température, en été, ne s'élève pas à plus de 15 degrés, et ne descende jamais jusqu'à zéro.

Pendant l'été, on doit souvent ouvrir les linges pour voir qu'il ne s'y fasse point de fermentation et ne s'y trouve point d'insectes. Dandolo recommande de les placer dans un châssis de corde et de les tenir dans un lieu sec. Ce conseil est excellent : les œufs s'altèrent à l'humidité, et l'air leur est indispensable; la négligence de cette précaution est souvent la cause des plus grands désastres. On doit recueillir et conserver dans une petite boîte les œufs qu'on trouvera dans les rebords du linge sur lesquels on les a fait déposer, où, ailleurs que sur ces linges, la couche, pour bien se conserver, ne doit pas être de plus d'un demi-pouce.

MM. Lieutard et Amic, médecins distingués, l'un à Cavaillon, l'autre à Brignolles, n'emploient pour leurs couvées que des œufs pondus dans les premières vingt-quatre heures qui suivent l'accouplement, et leur constante réussite dépose en faveur de cette précaution. N'est-il pas possible que les premiers œufs soient les plus fécondés? Et si, comme je le pense, ils devaient donner des vers plus vigoureux, dont le produit fût annuellement plus considérable, ne devrait-on pas sacrifier quelques livres de cocons pour se conformer à la pratique des deux habiles observateurs qui s'en sont toujours si bien trouvés? Ce sacrifice serait d'autant moins considérable, qu'il pourrait diminuer de moitié celui que je prescris relativement à la quantité de graine que l'on doit faire éclore, et qu'il est positif que, dans le premier jour, les femelles pondent au moins les deux tiers de leurs œufs.

La mauvaise foi pourrait le rendre moins considérable encore; mais si quelqu'un se permettait de vendre les œufs pondus le second jour, qu'il sache que se serait injustice dont le Seigneur lui demanderait compte.

CHAPITRE VII.

—

DES MALADIES DES VERS A SOIE DANS LEURS DIFFÉRENS AGES; DES CAUSES QUI LES PRODUISENT, ET DES MOYENS DE LES PRÉVENIR.

Nous ne dirons pas, comme M. le comte Dandolo, que pour voir des vers mauvais, nous avons été obligés d'aller dans les magnaguières de nos voisins : nous en avons trouvé dans la nôtre, et cependant notre réussite a constamment répondu à nos désirs. Nul doute que, dans la chambrée la mieux conduite, ne puisse se trouver des vers malsains et qu'on n'y en trouve sans peine, quand on voudra bien y en trouver. D'où viennent les maladies dont ces vers sont atteints ? 1° Des œufs ; 2° de la manière de les faire éclore ; 3° ou du peu de soin qu'on apporte à leur éducation.

I

L'imperfection de la graine est une source abondante de maladies pour les vers qui doivent en résulter.

Et la graine est imparfaite lorsque les papillons sont nés et ont été accouplés dans un appartement froid. A 10 et même à 12 degrés de chaleur, le mâle n'a que peu d'humeur fécondante et de mauvaise qualité, et d'un œuf mal fécondé ne peut naître qu'un ver faible et valétudinaire.

La graine est encore imparfaite, si l'appartement dans lequel les papillons sont nés et ont été accouplés est à une température au-dessus de 20 degrés; dans ce cas, le mâle perd une partie de son humeur fécondante, s'il n'est pas bientôt accouplé; et s'il l'est trop tôt, cette humeur est affaiblie par les matières liquides et terreuse dont la femelle surabonde.

Les œufs fussent-ils faits avec les conditions prescrites, seraient détériorés, si on les gardait trop entassés ou dans un local humide ou dans un local exposé à des transitions subites de température, dans un local où le thermomètre montant au-dessus de 16 degrés en été, descendrait au-dessous de zéro en hiver.

II

Les maladies des vers à soie proviennent aussi de la manière de les faire éclore, et elles ont lieu :

1° Quand l'embryon, prêt à devenir ver, est tout à coup exposé à une trop forte chaleur; alors au lieu de naître châtain foncé, qui est sa couleur normale, il naît rouge ;

2° Quand, au moment de naître, l'embryon passe du chaud au froid, le dommage, dans ce cas, est relatif à la durée de cet état ; alors le développement du ver est retardé, et l'humidité dans laquelle il reste et qu'aurait évaporée une chaleur convenable, le fait beaucoup souffrir ;

3° Quand, en venant de naître, les vers passent à une température plus chaude que celle où ils sont nés; alors l'évaporation altère et dessèche leurs organes;

4° Quand', dans les mêmes circonstances, c'est-à-dire en venant d'éclore, les vers passent du chaud au froid; si cet état ne dure pas, le dommage est peu considérable ; mais s'il se prolonge, il nuit beaucoup à leur constitution; dans tous ces cas, leurs réservoirs soyeux se trouvent altérés, et s'ils le sont profondément, on n'en doit rien attendre.

III

Enfin, les maladies des vers à soie résultent du peu de soin qu'on apporte à leur éducation.

1° S'ils sont trop épais, ils ne peuvent ni se mouvoir, ni manger, ni respirer, ni transpirer à l'aise : ils s'appauvrissent. Dans ce cas ils ne s'appauvrissent pas ensemble : en donnant à manger aux uns, on ensevelit les autres sous la feuille, et là, entre des corps humides, leurs organes doivent nécessairement s'altérer, surtout si la litière est chaude.

2° Si l'air de la magnaguière n'est pas souvent renouvelé, si l'humidité y séjourne, il en résulte de grands maux : le ver s'affaiblit et peut périr en peu d'instans. Une saison pluvieuse aggrave ces dangers. Les maladies terribles qui affligent les magnaguières durant le cinquième âge des vers à soie, n'ont pas d'autres causes que le manque de soins. A cet âge, ils mangent beaucoup, et, par conséquent, ils doivent beaucoup transpirer, puisqu'ils n'ont pas d'autres moyens de se débarrasser de la grande quantité d'eau qu'ils avalent avec la feuille. Si l'on n'a pas soin, 1° de les tenir clair-semés, 2° de sécher l'air, 3° de le renouveler, 4° de l'agiter, 5° de le purifier, 6° de déliter souvent et de leur donner toujours de la feuille bien prête, on est exposé à la jaunisse et surtout à la terrible muscardine et à la maladie des morts blancs ou *flats*.

Après avoir indiqué d'une manière générale, la cause des maladies sous l'action desquelles succombent trop souvent nos vers, nous allons les caractériser une à une, et indiquer les moyens de les prévenir.

DES PASSIS.

On donne ce nom aux vers qui ne s'emplissent pas et qui s'éloignent de la litière et de la feuille. Cette maladie, qui ne se manifeste guère que dans le second âge, c'est-à-dire après la première mue, quoiqu'elle existe dans le premier, peut être comparée à une phthisie ou marasme qui rend ces insectes chétifs, maigres, effilés et sans vigueur; on ne s'aperçoit de ses ravages que par le peu d'accroissement de la chambrée, parce que, dans la premier âge, le corps de ceux qui en périssent ne peuvent point être aperçus à cause de leur petitesse et de la conformité de leur couleur avec celle de la litière.

Les arpians ou arpes et les luzettes ne sont que des *passis*, qui, moins attaqués que ceux qui périssent à la première ou à la seconde mue, traînent leur débile existence jusqu'à la troisième, à la quatrième et quelquefois jusqu'au monter.

Les *arpes*, à la troisième et quatrième mue, ont les pates longues, et comparativement fort grosses; elles s'attachent si fortement aux objets, qu'on ne peut les en séparer qu'avec effort; enfin elles n'ont jamais de crottin (*pecolo*).

Les réservoirs soyeux étant les organes les premiers altérés dans toutes les maladies, excepté dans la muscardine, les luzettes ne font jamais qu'une misérable peau, alors qu'elles ne sont pas tout-à-fait hors d'état de filer.

Cause des passis. L'état de la graine peut entrer pour beaucoup dans la plupart des maladies. L'influence qu'elle exerce est difficile à déterminer; mais on comprend sans peine que

ce qui peut nuire beaucoup à un ver faible,
parce qu'il est sorti d'une graine mal fécondée,
mal tenue, mal couvée, peut ne nuire que mé-
diocrement, et même ne pas nuire du tout à
un ver vigoureux. Cette observation, qui s'applique à la plupart des maladies dont ces petits
insectes peuvent être atteints, doit engager
toute personne jalouse de réussir dans leur
éducation, à en faire pondre elle-même les œufs;
ou du moins à ne se décharger de ce soin que
sur une personne capable, intelligente et soi-
gneuse, afin d'être bien assurée qu'ils ont été
pondus dans les conditions voulues pour réussir.

Les *passis* proviennent de la trop forte chaleur donnée à la graine au moment où le ver
veut en sortir, ou bien au ver lui-même dès
qu'il en est sorti. Dans ces deux cas, une trop
forte évaporation altère et dessèche leurs dé-
biles organes. La même cause ne saurait plus
tard produire cet effet, parce qu'il prend de
la nourriture, et avec elle le moyen de réparer
les pertes occasionnées par l'évaporation. Toutefois, leur volume étant très-grand relativement à leur masse, leur corps offre une grande
prise à l'action de la chaleur; l'évaporation doit
être grande, et il faut, pour qu'ils n'en souf-

frent pas, leur donner souvent à manger, si l'on veut les hâter par le feu.

La cause que nous assignons à cette maladie est d'autant plus probable, qu'elle est presque générale quand la saison est froide : alors les magnaguiers qui agissent sans principes brûlent leurs chambrées; elle est inconnue dans le midi de l'Italie et en Espagne , où une température plus chaude a fait prévaloir l'usage de les élever sans feu. Ce mal étant sans remède, le parti le plus sage est de jeter les vers en qui il se manifeste, pour ne pas s'exposer à perdre sa feuille et son travail. La maladie connue sous le nom de *rouge* n'est pas autre que celle dont nous venons de parler. Les rouges sont des vers brûlés, les passis du premier âge.

—

DES GRAS ET DES JAUNES OU PORCS.

Cette maladie, la seule dont parle le célèbre Vida, se déclare communément à la seconde mue. Convaincu que tout le monde en connaît les caractères, et que je n'apprendrai rien à personne en décrivant les effets qu'elle produit sur les vers qu'elle attaque, je me bornerai à dire que les jaunes du cinquième âge ne sont que les gras des quatre premiers.

On a observé que cette maladie règne,

1° Dans les années qui ont été précédées d'un hiver chaud, quand la graine, mal hivernée, éclot en deux, trois, quatre ou cinq jours; ce qui n'arrive jamais quand on a soin de la tenir, dans toutes les saisons, entre le 1er et le 10e degré;

2° Quand, faisant éclore au nouet (*à la fate*), on tient la graine trop épaisse, et qu'on n'a pas soin de l'ouvrir souvent pour en laisser échapper l'humidité qu'elle transpire. Cela n'arrive point avec le mode que je propose;

3° Quand on donne aux vers nouveaux nés de feuille trop dure. On a cru jusqu'ici que c'était le contraire, et que l'extrémité de la pousse engendrait les gras : l'expérience a prouvé que c'était une erreur. La feuille jaunie par le froid, non plus que celle qui vient après que le froid l'a *tuée*, n'est pas cause de cette maladie. Il est bien vrai qu'elle règne généralement après que la gelée blanche a broui la première feuille; mais c'est bien moins parce qu'on leur donne de la feuille de regain, que parce qu'on leur sert de celle qu'avait épargnée la gelée, et qui est trop dure pour leurs organes délicats. D'ailleurs la feuille n'est presque jamais *tuée* qu'après un hiver doux, et le mal, dans ce cas, se trouve dans la graine.

4° Quelques magnaguiers pensent que le froid, pendant les mues, peut engendrer des gras. Cette opinion, qui n'est pas sans vraisemblance, doit être un motif de plus de tenir toujours les vers à la température que leur bienêtre exige, et que nous avons indiquée pour chaque âge.

Les jaunes qui, comme je l'ai dit, sont les gras du cinquième âge, doivent la couleur qui les caractérise à la teinte que donne au liquide infiltré dans tout leur corps, la matière soyeuse beaucoup plus abondante dans cet âge que dans aucun des précédens. Les vers à cocons blancs ont, dans cet état, une couleur semblable à celle de la soie qu'ils doivent produire. Le défaut de transpiration, telle est la cause de cette bouffissure qu'on aperçoit en eux. Leur hydropisie est la suite de l'abondance d'eau qu'ils ont avalée avec la feuille, et que l'humidité de l'air, rendu plus pesant par la présence de l'acide carbonique, ne leur a pas permis d'expulser. M. Benjamin Cauvi qui attri-

13

bue cette maladie à la nourriture que prennent les vers à l'époque des mues et de la maturité, croit, par conséquent, qu'on peut la prévenir en les sevrant à propos, et avance même qu'un jeûne rigoureux peut rendre à la santé ceux qui en seraient atteints, pourvu que leur liqueur ne fût pas encore trouble. Nous sommes loin, à ces divers égards, de partager l'opinion de cet habile éducateur. Nous ne partageons pas non plus celle du docteur *Fontana*, qui prétend opérer la guérison des jaunes en les tenant *une minute* plongés dans du vinaigre. Faites éclore vos vers à soie à l'étuve, tenez-les clair-semés, faites-les marcher comme la feuille, donnez-la leur tendre et sèche, délitez souvent pour prévenir toute humidité, et par là toute fermentation de la couche; ayez soin que l'air de votre magnaguière soit sec, pur, suffisamment chaud et un peu agité, et vous préviendrez la grasserie et la jaunisse, que vous chercheriez vainement à prévenir par le sevrage de M. Cauvi, ou à guérir par le jeûne du même auteur, et le vinaigre de M. Fontana.

DE LA MUSCARDINE.

Cette maladie qui, depuis quelque temps, fait de si grands ravages dans nos ateliers, y était jadis inconnue. M. l'abbé de Sauvages pense, et je crois avec raison, que c'est à notre cupidité qu'on doit en attribuer l'existence. En effet, son apparition parmi nous ne date que de l'époque où les mûriers s'y étant beaucoup multipliés, on a voulu élever le produit de huit onces dans le même local où l'on avait jusqu'alors élevé celui de quatre. Dans le principe, on faisait de petites chambrées dans de grandes magnaguières dont on ne s'avisait pas de boucher toutes les ouvertures, et l'on n'avait point de *muscardins*. Maintenant le contraire arrive : on fait de grandes chambrées dans de petits appartemens, et l'on a ce qu'on n'avait point alors, de *muscardins*. Mais doit-on être surpris de rencontrer dans la vie de petits animaux soumis à un régime si opposé, des accidens qu'on n'y avait pas rencontrés avant de les soumettre à ce régime.

La *touffe* (la *caumagnasse*, la *babourado* ou *boubourado*), l'air enfermé, chaud et humide,

que l'on rencontre si souvent dans les magnaguières, la fermentation de la couche (*del jhas*)
qui en est la conséquence, le défaut de transpiration, résultat de l'humidité, de l'encombre-
ment des *canis*, ou de brusques transitions
dans la température, telles sont les causes occasionnelles de cette terrible maladie dont les
funestes effets semblent devenir toujours plus
désastreux.

La muscardine, qui n'est nullement hérédi-
taire, et qui par conséquent n'a pas pu nous
venir du Piémont, dans un envoi de graine,
comme l'ont annoncé certains auteurs, n'est
pas non plus contagieuse au point de pouvoir
être transmise par les meubles ou les appartemens, ainsi qu'on l'a cru généralement jusqu'à
cette heure, et que l'affirme encore M. B. Cauvi,
dans un ouvrage récemment publié; car; après
une multitude d'expériences faites en 1806 et
1807, par ordre du gouvernement impérial,
tant en France qu'en Italie, le docteur Nysten
a été confirmé dans l'opinion qu'elle ne pouvait pas même être communiquée par le contact des vers qui en avaient péri, et que les
exhalaisons d'un grand nombre de malades
étaient seules capables de provoquer sa contagion, qui ne se manifeste jamais que de proche

DU MAGNANIER.# DU MAGNANIER. 91

en proche et seulement après plusieurs jours de communication. Si l'on m'objecte que quand une fois elle s'est manifestée dans une magnaguière, elle continue à s'y manifester, je répondrai que les mêmes causes devant produire des effets identiques, ce qui l'a occasionnée une première fois peut l'occasionner une seconde, une troisième, toujours, si l'on n'y porte remède.

M. B. Cauvi, regardant la fermentation de la litière comme la principale cause de cette terrible maladie, présente comme remède infaillible contre elle ou plutôt contre son existence, le chlorure de chaux. Je suis loin de contester l'excellence de ce préservatif; et quoique convaincu que la fermentaion de la litière n'est pas la cause efficiente de la muscardine, je n'hésite point à en recommander l'usage, parce qu'elle en est à coup sûr l'une des causes occasionnelles le plus capables de la déterminer, et qu'après tout, c'est combattre l'épidémie que de diriger ses coups contre ce qui peut en occasionner l'apparition.

Employez donc le remède de M. Cauvi. Saupoudrez vos *canis*, avant d'y placer vos vers à soie, avec du bon chlorure de chaux, et non pas seulement après la quatrième mue, mais depuis la seconde, et cela toutes les fois que vous déliterez. Si vous suivez, à cet égard, les règles que je donne, c'est-à-dire si vous délitez deux fois pendant chacun des quatre premiers âges, et trois fois pendant le cinquième, vous pourrez, avec un peu moins de demi-once de cette substance, saupoudrer une surface de 12 pieds carrés, et avec trois livres, que vous obtiendrez pour *trente sous*, assainir la couche du produit d'une once de graine pendant tout le temps de son éducation. Si quelqu'un pouvait reculer devant une si faible dépense, qu'il sache que la prospérité de sa chambrée l'exige. Les vers à soie étant pourvus d'un grand nombre d'organes aspirans et exhalans, sont par cela même infiniment sensibles aux influences miasmatiques, et ont besoin pour réussir, d'un air pur, d'une couche sèche, propre et sans mauvaise odeur. La faculté qu'ils ont d'aspirer les principes contagieux, est telle que le plus bel atelier peut, en quelques heures, devenir un vaste hôpital, un foyer d'infection. Saupoudrez donc vos *canis* avec du chlorure de 90 à 100 degrés de saturation, que vous obtiendrez à un franc le kilogramme, et comme le dit fort bien M. Cauvi, *vous opposerez à une source de miasmes une source de chlore* capable de les neutraliser. Un tamis à large maille ou une passoire à petits trous sont les instrumens les plus propres à répandre la poudre de chlorure, qui, quelque peu épaisse qu'elle soit, doit toujours être recouverte de quelques brins de paille pour qu'elle ne soit point en contact avec les vers auxquels elle pourrait faire éprouver des impressions désagréables. Si l'on use de chlorure dans les deux premiers âges, on peut le placer entre le *canis* et le linge prescrit que pourrait remplacer le papier percé d'un grand nombre de trous.

Si, à cet excellent préservatif, on joint les délitages nécessaires, des feux de flamme, des repas bien préparés et régulièrement servis, une température toujours à peu près égale, un air souvent renouvelé par l'ouverture des soupiraux et tamisé par les châssis de toile, tant qu'il n'y a pas nécessité de fermer les volets, l'on n'aura rien à craindre ni de la muscardine, ni des tripés blancs, dont la mort est produite par des causes analogues à celles qui produisent celle des *muscardins* : surtout, si, dans leurs différens âges, les vers tenus clair-semés ont pu respirer à l'aise, transpirer facilement, manger sans peine et se mouvoir de même.

La muscardine, qui peut attaquer nos vers

à tout âge, ne les attaque généralement qu'au dernier, et en voici la cause : durant cet âge, les vers consomment les *quatre cinquièmes* du poids total de la nourriture qui leur est nécessaire pour tout le cours de leur vie; et la feuille contenant toujours beaucoup d'eau, et à cette époque une grande quantité de matières acides, alcalines et terreuses, ces insectes ont besoin de beaucoup transpirer, puisque la transpiration est le seul moyen qu'ils possèdent pour se débarrasser de ces matières, qui, étrangères à leur substance, ne peuvent que leur nuire par leur trop grande accumulation. Tant que le ver est au large, dans un air pur, sec, toujours également chaud et légèrement agité, il chasse de son corps, avec le trop d'eau qu'il avale, une grande partie de ces substances qui s'y trouvent en solution; alors *il se porte bien.* Mais si, faute de soins, il ne trouve pas les conditions prescrites, sa transpiration s'arrête, ces matières s'accumulent dans son corps, agissent l'une sur l'autre, d'après les lois de l'affinité réciproque, et produisent, selon leurs diverses proportions, le *muscardin blanc*, le *rouge* ou le *noir.*

La muscardine a donc pour cause occasionnelle la non-transpiration, et pour cause effi-

ciente l'action réciproque des substances hété-
rogènes que les vers avalent avec la feuille
dont on les nourrit.

En effet, il est facile de concevoir que, si
vous tenez vos vers trop épais, si leur couche
fermente, si vous les exposez à passer du chaud
au froid, ou si l'air de votre magnaguière est
humide, leur transpiration sera difficile et souvent arrêtée; alors l'acide carbonique que con-
tenait la feuille dont ils se sont nourris ne pouvant pas s'exhaler, s'accumule dans leur corps,
où la quantité en est nécessairement accrue
par celui que dégage la litière, lequel étant
plus pesant que l'air, est par cela même le plus
près de l'insecte, et, par conséquent, le premier aspiré. C'est cet acide qui, combiné avec
les matières alcaline et terreuse, produit les
muscardins de diverses espèces. La propriété
qu'il a de préserver de la corruption les sùbs-
tances animales qu'il frappe lorsqu'elles ont un
principe propre à se combiner avec lui, et l'existence de ce principe dans le ver à soie, ne per-
mettent pas de douter qu'il ne joue le rôle que
nous lui assignons. La muscardine agit d'autant plus fortement, que l'humidité de la magnaguière est plus grande, et que le ver a plus
perdu de sa vitalité. Et voilà pourquoi tant de

14

chambrées périssent au moment où l'on rame ou immédiatement après qu'on a ramé; alors les vers se vidant, l'humidité est plus considérable, et la diminution de leur corps, rapprochant les matières, peut les mettre à même d'agir d'après les lois de l'affinité.

M. l'abbé de Sauvages présente les bains d'eau fraîche comme un remède efficace contre cette terrible maladie. M. Cauvi, en ajoutant à ces bains dix-huit degrés de chaleur et un centième en poids de chlorure, les donne comme pouvant en arrêter le cours. Mais, quelque bons qu'ils puissent être, ne vous exposez point à la nécessité d'y recourir. Toutefois, si, pour avoir négligé les moyens que j'indique, vous vous voyez contraints de le faire, voici comment il vous faudrait agir : Après avoir bien détrempé une partie de chlorure dans cent parties d'eau, vous laisseriez déposer la chaux; puis, dans cette eau chlorurée, que vous transvaseriez, vous plongeriez vos vers, et après les y avoir laissés environ une minute, vous les transporteriez sur des *canis* bien propres et recouverts d'un peu de paille, où vous leur serviriez un léger repas avec de la feuille aussi tendre et aussi fine que possible. Cent livres d'eau et une de chlorure suffisent au lava-

ge des vers provenant d'une once de graine.
Quelque bon, je le répète encore, quelque bon
que puisse être ce remède, un magnaguier prudent ne s'expose point à y avoir recours. La
muscardine, qui peut être prévenue sans peine,
n'est guérie que difficilement. Employez donc
tous les moyens prophylactiques avec le même
soin que s'il n'en existait pas de curatifs; car,
malgré ce qu'en ont dit MM. de Sauvages et
Cauvi, il n'est pas très-certain qu'il en existe.

DES TRIPÉS OU MORTS BLANCS QUE D'AUTRES NOMMENT MORTS FLATS.

La maladie à laquelle succombent ces vers
ne se manifeste qu'au cinquième âge. Les causes qui l'occasionnent, alors qu'elle sévit épi-
démiquement, sont exactement les mêmes que
celles qui déterminent la muscardine, d'où
nous devons conclure que nous pouvons nous
en garantir par les mêmes moyens, et qu'en
nous prémunissant contre l'apparition de l'u-
ne, nous nous prémunissions contre celle de
l'autre.

La touffe, dans ces deux maladies, joue un rôle important. Dès qu'elle se manifeste, il faut donc la combatte, non-seulement en fermant toutes les ouvertures latérales, et faisant des feux de flammes aux cheminées, mais encore en arrosant avec de l'eau bien fraîche le sol et les murs de la magnaguière; le froid et l'humidité qui suivront cet arrosement pourront neutraliser les terribles effets de cet agent destructeur.—Quand la maladie n'est que spodarique, c'est-à-dire quand elle n'attaque les vers qu'isolément, ce n'est point à des causes générales que nous devons en attribuer l'existence, mais à des circonstances particulières aux individus qui y succombent et totalement étrangères aux influences générales auxquelles ils sont exposés. Le relâchement des fibres de l'insecte, relâchement que produit l'humidité, ou plutôt l'aspiration du gaz acide carbonique, dégagé par la litière en fermentation, telle est la cause de l'épidémie des tripés blancs ou morts flats; et une feuille suante, malpropre, un poison quelconque aspiré par les stigmates ou avalé par la bouche, telle est celle de la mort de tous ceux qui périssent de cette maladie, tant qu'elle ne règne dans une magnaguière que spodariquement. Ce qui me porte à le croire, c'est qu'il n'est pas rare d'en voir plusieurs dans un très-petit espace, et de n'en plus voir que là. Ce fait qui s'explique aisément par la présence, en cet endroit, d'une poignée de feuille empoisonnée, soit par la sueur, soit par le contact de quelque substance dont la malpropreté lui aurait communiqué des qualités mortelles, ne peut raisonnablement être expliqué d'aucune autre manière.

Employer avec soin tous les moyens prescrits pour prévenir la muscardine, donner toujours la feuille propre et sèche, telle est donc le moyen de prévenir dans vos magnaguières l'apparition des tripés blancs, sur la bruyère celle des morts noirs, et parmi nos cocons ceux auxquels la mort de la chrysalide et ses transformations en une substance noire, puante et soponeuse, a fait donner le nom de *fondus*.

AVIS ET CONCLUSION.

—

Nous avons indiqué les moyens de mieux réussir qu'on ne l'a fait jusqu'ici dans l'éducation des vers à soie; mais nous ne garantissons la réussite qu'à ceux qui se conformeront en tout aux préceptes que nous avons donnés. La feuille de mûrier est une mine d'or capable d'enrichir nos pays; mais il faut pour cela qu'elle soit convenablement exploitée, et l'ignorance est encore presque partout à la tête de cette importante exploitation. S'il n'en était ainsi, serions-nous tributaires de l'étranger pour près de 40 millions de soie brute annuellement indispensable pour alimenter nos fabriques et nourrir notre industrie ?

Quand cessera la France de payer un tribut d'autant plus onéreux pour elle, que l'or qu'elle donne à ses voisins pourrait être distribué à ses enfans ? Quand l'éducation des vers à soie n'y sera plus confiée à la routine. Mais qui peut se flatter de voir l'heureux jour où cette aveugle souveraine, cette ennemie de tous progrès, cédera aux vrais principes le sceptre qu'elle porte depuis si long-temps. Nous avons voulu le hâter par la publication de cet écrit, et toutefois nous ne nous dissimulions pas combien nous étions impuissans pour remplir cette tâche. Le préjugé a des racines si profondes que souvent les meilleures raisons ne peuvent pas même l'ébranler; mais s'il est vrai qu'on résiste au précepte, il ne l'est pas moins que l'on cède à l'exemple. Que le gouvernement établisse dans chaque arrondissement où l'on se livre à cette importante industrie *une magnaguière modèle*, où des magnaguiers instruits, versés dans les sciences physico-chimiques, et connaissant à fond les principes de l'art qu'ils seraient chargés d'enseigner, l'apprendraient gratuitement à tous ceux qui voudraient suivre leurs leçons, et montreraient par des rapports fréquens et circonstanciés, mais surtout par une bonne réussite, les moyens qu'il faut pren-

dre pour obtenir annuellement d'une même
quantité de feuille une quantité toujours à peu
près égale de cocons de la meilleure qualité ;
et le désir de grossir leur fortune, ouvrant les
yeux des *routiniers*, les forcera bientôt à sortir de l'ornière où ils se traîneraient encore
long-temps, si l'on n'employait ce moyen.
Dans l'intérêt de nos cultivateurs, dans l'intérêt de notre pays, dans l'intérêt de notre industrie, dans notre propre intérêt, nous devons
donc supplier le gouvernement de faire sans
délai cette utile dépense; il est trop ami de
la prospérité nationale pour ne pas satisfaire à
ce besoin, et trop clairvoyant pour ne pas dé-
couvrir tout ce qu'il y a à gagner lui-même. Agissons, agissons sans retard, agissons ensemble,
agissons avec confiance; un gouvernement tel
que celui sous lequel nous avons le bonheur
de vivre ne saurait répondre défavorablement
à une si juste et si nécessaire demande.

FIN DU GUIDE DU MAGNANIER.

TABLE DES MATIÈRES.

—

15

TABLE.

LE GUIDE DU MAGNANIER.

FIN DE LA TABLE.

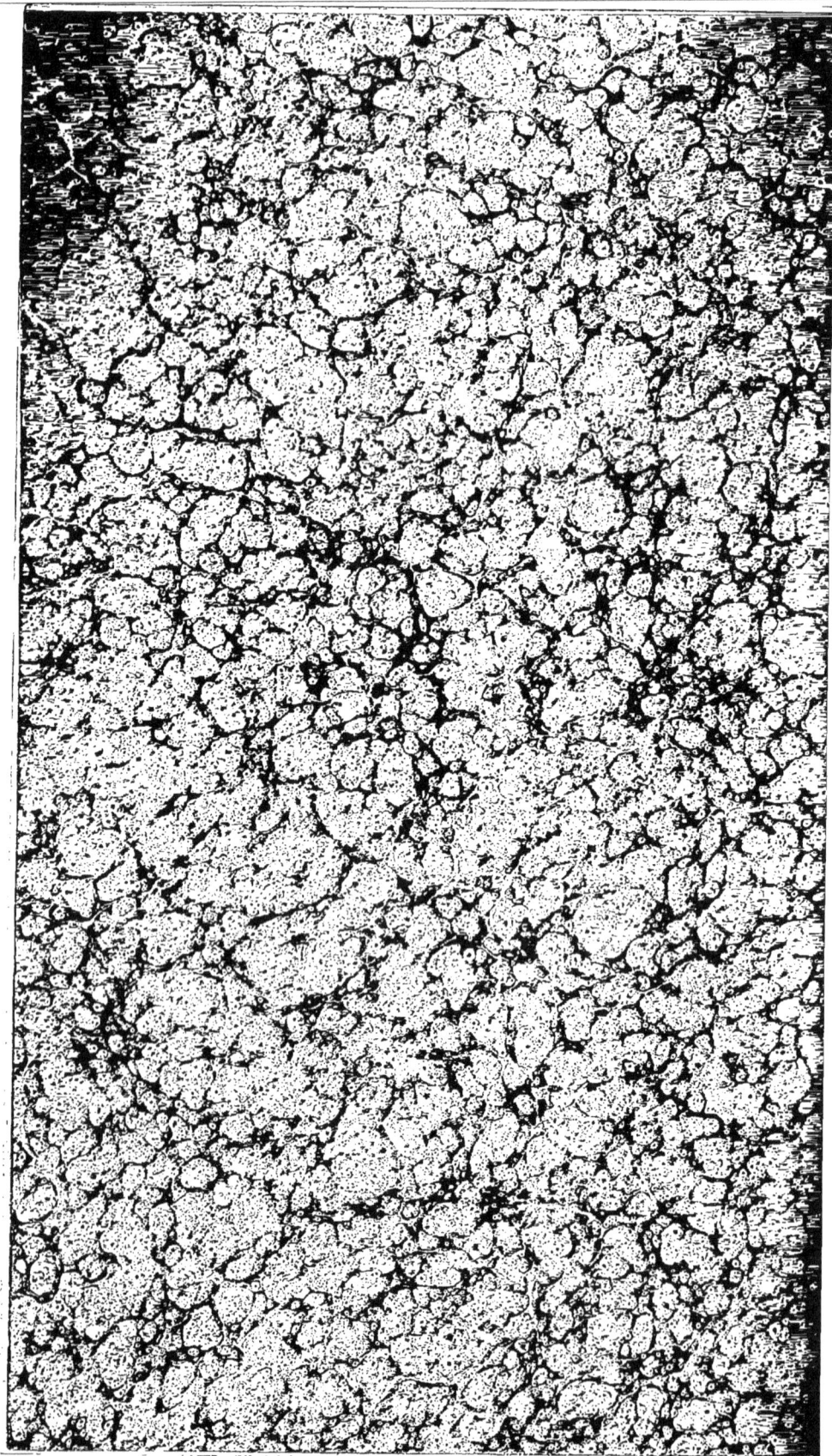

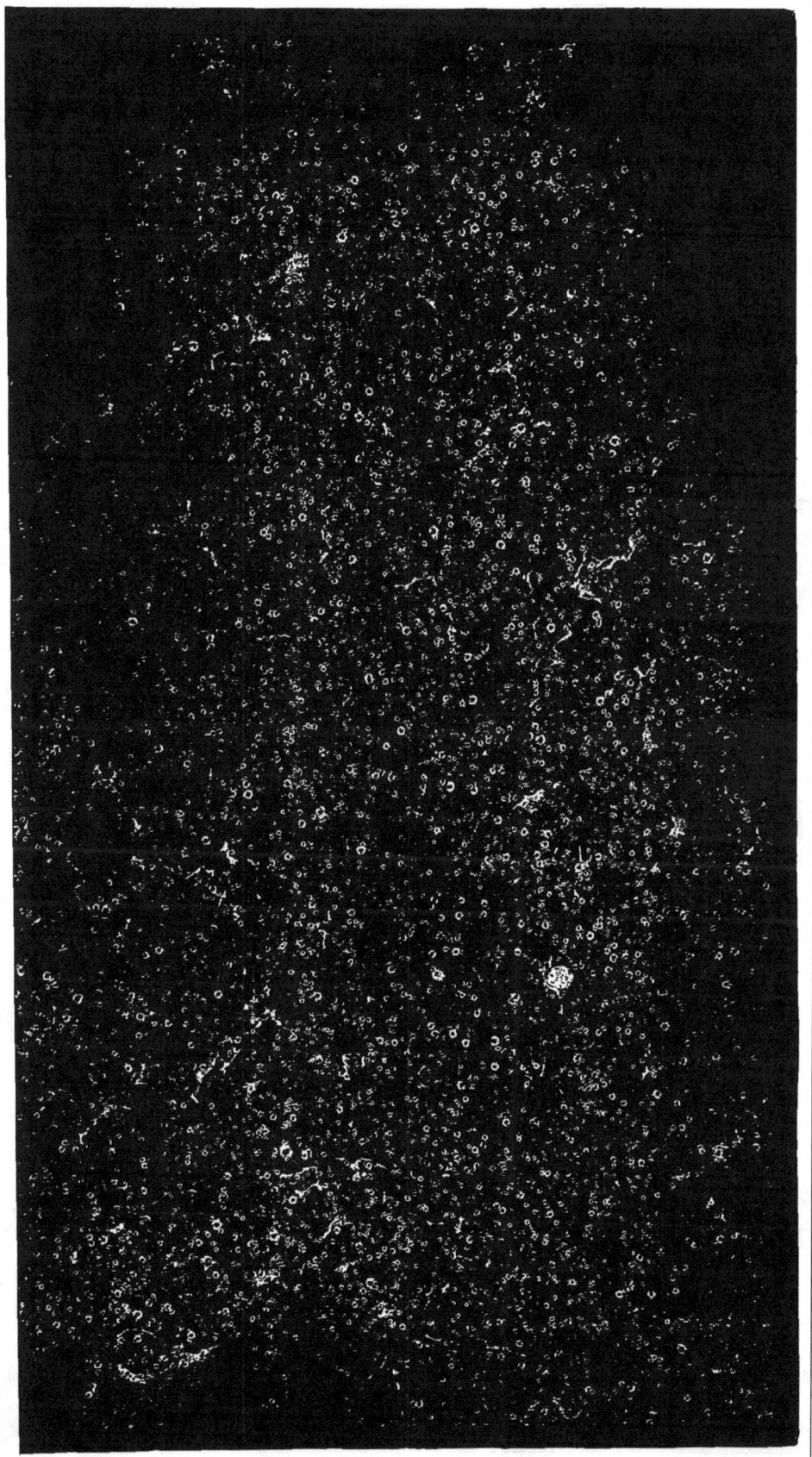